21世纪先进制造技术丛书

模具钢硬态切削理论与技术

张 松 等 著

科学出版社

北 京

内 容 简 介

本书结合作者多年从事模具钢硬态切削理论及相关技术研究的成果撰写而成。本书在全面分析国内外硬态切削技术发展现状的基础上，着重介绍了模具钢硬态铣削理论基础、硬态铣削三维表面形貌建模及加工表面缺陷分析、切削亚表层显微组织及性能分析、外置式 MQL/CMQL 流场特性及切削力分析、内冷式铣刀流体动力学特性分析及切削性能评价、大型模具复杂表面数控加工编程及加工仿真实例等。本书兼顾理论分析与工程应用两个方面，系统总结了模具钢硬态切削理论及工程应用中的先进成果。

本书可供切削理论、切削刀具和机械制造工艺等领域的技术人员和管理人员参考，也可作为科研人员、高等院校工科专业教师的教研参考书及机械类研究生的教学参考书。

图书在版编目（CIP）数据

模具钢硬态切削理论与技术/张松等著. —北京：科学出版社，2021.6
（21 世纪先进制造技术丛书）
ISBN 978-7-03-068906-1

Ⅰ.①模…　Ⅱ.①张…　Ⅲ.①模具钢–金属切削　Ⅳ.①TG142.45

中国版本图书馆 CIP 数据核字（2021）第 099792 号

责任编辑：陈　婕　赵晓廷 / 责任校对：王萌萌
责任印制：吴兆东 / 封面设计：蓝正设计

科 学 出 版 社 出版
北京东黄城根北街 16 号
邮政编码：100717
http://www.sciencep.com

北京中石油彩色印刷有限责任公司 印刷

科学出版社发行　各地新华书店经销
＊

2021 年 6 月第 一 版　开本：720×1000　B5
2021 年 6 月第一次印刷　印张：14 3/4
字数：295 000

定价：98.00 元
（如有印装质量问题，我社负责调换）

《21世纪先进制造技术丛书》序

21世纪，先进制造技术呈现出精微化、数字化、信息化、智能化和网络化的显著特点，同时也代表了技术科学综合交叉融合的发展趋势。高技术领域如光电子、纳电子、机器视觉、控制理论、生物医学、航空航天等学科的发展，为先进制造技术提供了更多更好的新理论、新方法和新技术，出现了微纳制造、生物制造和电子制造等先进制造新领域。随着制造学科与信息科学、生命科学、材料科学、管理科学、纳米科技的交叉融合，产生了仿生机械学、纳米摩擦学、制造信息学、制造管理学等新兴交叉科学。21世纪地球资源和环境面临空前的严峻挑战，要求制造技术比以往任何时候都更重视环境保护、节能减排、循环制造和可持续发展，激发了产品的安全性和绿色度、产品的可拆卸性和再利用、机电装备的再制造等基础研究的开展。

《21世纪先进制造技术丛书》旨在展示先进制造领域的最新研究成果，促进多学科多领域的交叉融合，推动国际间的学术交流与合作，提升制造学科的学术水平。我们相信，有广大先进制造领域的专家、学者的积极参与和大力支持，以及编委们的共同努力，本丛书将为发展制造科学，推广先进制造技术，增强企业创新能力做出应有的贡献。

先进机器人和先进制造技术一样是多学科交叉融合的产物，在制造业中的应用范围很广，从喷漆、焊接到装配、抛光和修理，成为重要的先进制造装备。机器人操作是将机器人本体及其作业任务整合为一体的学科，已成为智能机器人和智能制造研究的焦点之一，并在机械装配、多指抓取、协调操作和工件夹持等方面取得显著进展，因此，本系列丛书也包含先进机器人的有关著作。

　　最后，我们衷心地感谢所有关心本丛书并为丛书出版尽力的专家们，感谢科学出版社及有关学术机构的大力支持和资助，感谢广大读者对丛书的厚爱。

华中科技大学

2008 年 4 月

前　言

　　近年来，随着先进刀具材料、涂层技术、高性能机床和 CAD/CAM 技术的快速发展，高速切削技术从最初的航空领域扩展到模具行业，并逐步发展为硬态切削技术，即对处于淬硬状态的模具钢直接进行车削或铣削。模具钢硬态切削具有明显的技术优势和经济优势，正朝着高速化、实用化的方向发展，这已成为发达工业国家模具行业的共识。相对于传统的金属切削理论，人们对硬态切削过程中的切屑形成、切削力、切削温度、刀具磨损、冷却润滑、加工表面形貌和切削亚表层显微组织性能等还缺乏深入、系统的研究，在学术界和工业界还没有形成统一的认识，这限制了硬态切削技术的进一步推广应用。因此，为了发挥硬态切削技术的优势，并充分利用先进刀具的切削性能和高性能机床的生产能力，更好地服务我国的模具行业和国民经济，就需要对模具钢硬态切削理论及相关技术进行更为深入、系统的研究。

　　本书作者多年来致力于模具钢硬态切削理论及相关技术研究。本书是作者在总结相关研究成果的基础上撰写而成的，主要内容包括模具钢硬态铣削理论基础、硬态铣削三维表面形貌建模及加工表面缺陷分析、切削亚表层显微组织及性能分析、外置式 MQL/CMQL 流场特性及切削力分析、内冷式铣刀流体动力学特性分析及切削性能评价、大型模具复杂表面数控加工编程及加工仿真实例等方面。撰写本书的目的在于向读者介绍该领域的最新成果，并将其应用于工程实践中，提升我国模具行业的制造水平和国际竞争力。

　　本书由山东大学张松教授主持撰写。参加撰写的作者有丁同超、吕宏刚、赵厚伟、邹林涛、闫续范、张成良、王鹏、闫振国等。在撰写本书过程中，作者参阅和引用了国内外大量的文献资料，有些文献资料的作者与单位未能一一列出，特在此说明，并谨向所引文献资料的作者表示衷心的感谢。同时，山东大学李斌训、王仁伟、张静、栾晓娜、张爱荣、房玉杰、刘泽辉等研究生参与了本书部分章节的资料整理、图表处理等工作，特在此表示感谢。

　　本书内容涉及的相关研究得到了国家自然科学基金面上项目（51175309、51575321、51975333）、山东省泰山学者工程专项（ts201712002）、教育部高等学校博士学科点专项科研基金（20120131110016）、山东省自然科学基金（Y2008F41）、山东省自主创新专项（2013CXH40101）、山东省重大科技创新工程（2018CXGC0804、2019JZZY010437）等多项科研项目的资助和一些工业企业的支持，在此表示衷心的感谢。

　　由于作者水平有限，书中的不妥之处在所难免，恳请专家和读者批评指正并提出宝贵意见。

作　者

2020 年 6 月于济南

目　　录

第 1 章　绪　　论

与传统切削技术相比，硬态切削技术具有显著的技术优势和经济优势。开展硬态切削机理及相关技术研究，有助于促进模具钢硬态切削技术的推广应用，更好地服务我国模具制造业的可持续发展。

1.1　硬态切削的定义

模具成型具有生产效率高、质量好、成本低、节约能源和节省原材料等一系列优点，因此模具称为现代工业发展的基石。为了保证模具在特定工作条件下的形状、尺寸稳定而不迅速发生变化和延长模具的使用寿命，通常借助表面硬化和强化等技术手段来提高模具的强度和耐磨性。冷作模具的淬火硬度一般为HRC54~60，热作模具的淬火硬度一般为 HRC50~54，塑料模具通常采用预硬钢，出厂硬度通常达到 HRC30~35。

为了便于切削加工，冷作模具钢和热作模具钢通常以软质的退火状态供应市场；经过粗加工后，再通过热处理得到高硬度来提高其耐磨性。长期以来，人们一直采用软态铣削—热处理—磨削/电火花加工(electrical discharge machining，EDM)—研磨/抛光的方法实现模具加工，以确保模具的加工精度、表面质量和使用寿命。较低的材料去除率及较长的制造周期使得磨削/电火花加工的应用范围受到限制；并且，磨削/电火花加工所产生的高温常常导致亚表层材料的显微组织和物理力学特征发生变化，出现白层、微裂纹、加工硬化和残余拉应力等，成为诱发应力集中、裂纹扩展、应力腐蚀等现象的主要原因，加速模具疲劳失效[1,2]。同时，随着模具结构和功能要求的日趋复杂以及市场竞争的日益加剧，通过寻求新的加工技术来保证制造精度和表面质量，从而简化生产工艺流程、缩短制造周期、降低生产成本已经成为模具行业急需解决的重要技术问题。

近年来，随着先进刀具材料、涂层技术、高性能机床和 CAD/CAM 技术的快速发展，高速切削技术从最初的航空领域扩展到模具行业，并逐步发展为硬态切削技术[3-6]，即对处于淬硬状态的模具钢直接进行车削或铣削。

有关硬态切削的定义，学术界、工业界至今还没有统一的认识。为了便于表述和避免歧义，本书将硬态切削定义为：采用先进刀具材料对经淬火处理或去应力处理后具有较高硬度的淬硬钢(包括模具钢、轴承钢等)进行高速车削或铣削，切削过程中不使用切削液或使用微量可降解切削油，并能获得不低于磨削所能达到的加工精度和表面完整性的一种先进加工技术。

如图 1-1 所示，与传统工艺流程相比[7-9]，硬态切削能够缩短模具加工工艺流程，避免了退火状态下的切削、二次淬火热处理和磨削/电火花加工[4]。车削和铣削的金属去除率比磨削高很多，可以提高精加工工序的加工效率；并能获得与磨削/电火花加工精度相当的几何精度和表面粗糙度[10]。由于在模具的最终使用硬度下直接进行精加工，所以避免了二次热处理引起的模具扭曲变形和尺寸变化[8, 11]。更为重要的是，高速流动的切屑带走了大部分热量，仅有少部分热量传递给模具，模具表面温度一般不超过 550℃[12]，可以显著降低白层形成的可能性，同时极易获得有利于改善零件疲劳寿命的残余应力状态[13]。可以说，硬态切削技术适应了模具柔性、敏捷生产的要求，同时能降低模具制造企业的生产成本[14]。另外，硬态切削过程一般不使用切削液或只使用微量可降解切削油，可以避免传统切削液所带来的污染问题，符合绿色制造、清洁生产的要求。因此，对模具钢进行硬态切削具有明显的技术优势和经济优势，它正朝着高速化、实用化的方向发展，这已成为发达工业国家模具行业的共识[14]。

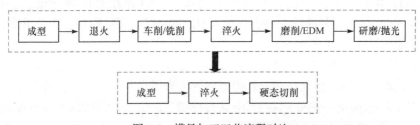

图 1-1　模具加工工艺流程对比

然而，作为一种新兴技术，硬态切削理论不同于传统的金属切削理论，人们对淬硬钢切削过程中的金属软化效应、切屑形成、切削力、切削温度、刀具磨损和刀具寿命、冷却润滑以及加工表面完整性尤其是白层形成机理还缺乏深入、系统的研究[15-17]，对硬态切削亚表层材料的显微组织演化及性能研究还没有形成统一的认识，使得硬态切削技术的推广应用受到了一定的限制[18, 19]。其中，刀具寿命和表面完整性是影响硬态切削技术能否广泛应用的两个重要因素[20]。

1.2　硬态切削技术的优越性

随着先进刀具材料的涌现、高性能机床的发展及多种优化方法的出现，硬态切削技术不断趋于成熟。硬态切削技术的最大优点不仅在于提高金属去除率，而且能够获得理想的加工精度和高表面完整性。目前，硬态切削技术已在许多行业得到了广泛应用，如模具行业中的热挤压模、热锻模、有色金属压铸模及较精密的塑料模等加工。与传统切削技术相比，硬态切削技术具有以下优越性[21]。

(1) 较高的加工效率和加工精度。去除同样体积的材料，硬态切削具有比磨削更高的加工效率，所消耗的能量仅为磨削的 1/5。这主要归因于硬态切削可以采用较大的背吃刀量、更高的切削速度等。因此，硬态切削的金属去除率通常是磨削的 3~4 倍。此外，硬态车削或者铣削可以在同一台机床上完成粗加工和精加工，减少了装夹次数和工件准备时间，有利于提高加工效率和缩短模具交货周期；更为重要的是，降低了重复定位误差，有利于保证加工精度。

(2) 较高的表面完整性。硬态切削过程中，传递给工件的热量少，工件表面温度低，一般不超过钢的相变温度临界点，亚表层材料损伤程度低，出现白层或微裂纹的概率低，容易获得有利于改善零件疲劳寿命的高完整性表面。

(3) 工序集中程度高。硬态切削可以将多道工序集中到一台数控机床或加工中心上，符合工序集中原则，可以减少机床投资和占地面积。

(4) 绿色、洁净的先进切削技术。使用大流量切削液的传统切削方式不仅增加了加工成本，而且产生了大量难以处理和回收的废液，危害环境和人体健康。硬态切削不使用切削液或使用微量可降解切削油，可以消除传统切削方式所面临的生产成本和环境保护等压力，符合"绿色制造、清洁生产"的要求，有利于保护环境和维护机床操作者健康。硬态切削过程中可以省去与切削液相关的装置，简化生产系统，大大降低了与切削液相关的购置、使用和回收处理成本。另外，硬态切削可以形成干净的切屑，方便切屑的回收处理，进一步降低了加工成本。

1.3 硬态切削技术的研究现状

正是各种先进刀具材料切削性能的逐渐提高、高速高精度数控机床的快速发展，才使得硬态切削技术得以向实用化的方向发展。因此，硬态切削是在先进刀具材料及涂层技术、硬态切削机理、加工表面完整性、微量润滑/低温微量润滑(minimal quantity lubrication/cryogenic minimal quantity lubrication, MQL/CMQL)切削技术、内冷式刀具技术、自由曲面数控程序编制及加工仿真等诸多相关的硬件设施与软件技术均得到充分发展的基础上综合而成的一项先进切削技术。

1.3.1 先进刀具材料及涂层技术

硬态切削技术的出现在很大程度上得益于先进刀具材料及涂层技术的发展。目前，可用于硬态切削的刀具材料有聚晶立方碳化硼(polycrystalline cubic boron nitride, PCBN)、陶瓷、细晶粒/超细晶粒硬质合金。PCBN 是利用人工方法合成的硬度仅次于天然金刚石的新型刀具材料。PCBN 的硬度达到 HV3000~5000、耐热性可达 1400~1500℃，并具有导热系数高、摩擦系数低、热膨胀系数低和热稳定好等优点。因此，PCBN 刀具材料具有优良的切削性能，特别适合加工硬度在 HRC45 以上的淬硬钢、耐磨铸铁，HRC35 以上的耐热合金及 HRC30 以下而其他刀具材料难以加工的珠光体灰口铸铁等材料。PCBN 刀具的切削性能受 CBN 含量和晶粒大小的影响，低含量的 PCBN 刀具由于具有较低的导热系数、较高的韧性，更适于加工淬硬钢。陶瓷刀具因具有良好的耐磨性、耐热性、摩擦系数低、高的化学稳定性和硬度等特点，且不容易与金属发生亲和反应，特别适合于加工传统刀具材料难以加工的高硬材料。Al_2O_3 基陶瓷和 Si_3N_4 基陶瓷是常用的两种陶瓷刀具材料。陶瓷属于典型的硬脆材料，存在断裂韧性低、断续切削能力弱等问题。因此，改善陶瓷刀具材料的脆性、提高其强度成为学术界和刀具制造商的研究重点，各种高性能陶瓷刀具应运而生。Al_2O_3/TiC 陶瓷刀具相对于传统陶瓷刀具具有较好的抵抗刀具崩刃的能力，纳米级 Al_2O_3/TiC 陶瓷刀具断续切削能力有所提高，最适用于硬态切削。相比于 PCBN 刀具和陶瓷刀具，硬质合金硬度低、热稳定性差，但硬质合金的强度和断裂韧性很高，可用于一些对切削动态特性要求比较高的切削工艺，如钻削、铣削等，细晶粒和超细晶粒硬质合金可用来切削淬硬钢。另外，硬质合金加工性能良好，不仅可以用来制造整体刀具和各种形状的刀片，还可以用来加工具有复杂几何型面和沟槽的模具。不同刀具材料的力学/热力学性能如表 1-1 所示。

表 1-1　不同刀具材料的力学/热力学性能[22]

	参数	PCBN	陶瓷	硬质合金 K10
力学性能	密度 $\rho/(kg/m^3)$	3400～4300	3800～5000	14000～15000
	硬度(HV)	3000～5000	1800～2500	1500～1700
	杨氏模量 E/GPa	580～680	300～400	590～630
	断裂韧度 $K_{Ic}/(MPa \cdot m^{1/2})$	3.7～6.3	2.0～3.0	10.8
热力学性能	热稳定性(温度)T_s/℃	1400～1500	1300～1800	800～1200
	导热系数 $\lambda/(W/(m \cdot K))$	40～100	30～40	100
	热膨胀系数 $\alpha_T/(10^{-6}/K)$	3.6～4.9	7.5～8.0	5.4

　　通过在硬质合金或高速钢等刀具基体上涂覆一层或几层薄膜，涂层刀具将基体材料和涂层材料的优良性能结合起来，既保持了基体良好的韧性和较高的强度，又具有涂层的高硬度、高耐磨性和低摩擦系数，可以大幅度提高硬质合金刀具或高速钢刀具的切削性能。相对于未涂层刀具，涂层刀具寿命提高了 3～5 倍，切削速度提高了 20%～70%，加工精度提高了 0.5～1 级，刀具费用降低了 20%～50%[23]。因此，硬态切削过程常常采用涂层刀具。

按涂层材料的物理性能，可将涂层刀具分为两大类[24]。一类是"硬"质涂层刀具，如 TiN、TiCN、TiAlN、AlCrN 等，这类涂层硬度较高，抗磨能力强；另一类是"软"质涂层刀具，如 MoS_2、WS_2 等，这类刀具也称为自润滑刀具，其表面摩擦系数小，可以减小摩擦，进而降低切削力、切削温度，减轻刀具磨损，延长刀具的使用寿命。涂层的制备方法有很多，包括物理气相沉积(physical vapor deposition, PVD)、化学气相沉积(chemical vapor deposition, CVD)、微弧氧化、热反应扩散沉积、溶胶-凝胶法、粒子活化烧结法等[23]。其中，化学气相沉积涂层温度约为 1000℃，虽膜基结合强度较好，但刀具的切削刃需经钝化预处理，使得涂层内部有较高的残余拉应力，故该方法不能用于高速钢和硬质合金刀具表面涂层，其应用受到限制；物理气相沉积法使得涂层纯度高，致密性好，涂层与基体结合牢固，并且涂层性能不受基体材质的影响，因此广泛应用于各种硬质合金刀具的表面涂层。

1.3.2 硬态切削机理

淬硬钢硬度高，其切削过程与常规塑性材料的切削过程明显不同，为适应刀具寿命、加工质量和切削效率的要求，刀具常采用负前角和倒棱以保护切削刃，这导致硬态切削过程的切屑形成、切削力、切削热等所具有的特点均不同于普通切削。

硬态切削的一个基本特征是容易形成锯齿状切屑。锯齿状切屑容易引起切削力的周期性高频振动，进而影响加工精度、加剧刀具磨损，使工件表面质量下降。锯齿状切屑的形成与材料高硬度、大脆性、刀具负前角和切削过程高压应力有关。目前，对锯齿状切屑的形成机理还没有形成统一的认识，但是可以归纳为两种理论体系：绝热剪切理论和周期性断裂理论。Komanduri 等[25]首次用绝热剪切理论来解释硬态切削过程中的锯齿状切屑形成机理。随后，Davies 等[26]提出了锯齿状切屑形成模型支持 Komanduri 的理论，认为锯齿状切屑产生是由切削速度的变化引起的，当切削速度增大到临界值时，切屑内部的局部应力会发生突变，破坏热传导、热对流和热产生速率三者的平衡，导致锯齿状切屑的形成。Shaw 等[27]最早提出了锯齿状切屑形成的周期性断裂理论，认为断裂首先出现于切屑的自由表面，随着切削过程的进行，断裂向切削刃扩展到一半的距离，最后造成整体断裂。Becze 等[28]提出了硬态车削过程中的材料裂纹萌生和扩展判据，深入研究了产生锯齿状切屑的周期性断裂理论。König 等[29]基于扩展的剪切力假设，进一步支持了周期性断裂理论。

与软材料相比，硬态切削产生的切削力并不一定大，但工件材料的硬度影响硬态切削时产生的切削力大小[22]。切削力首先随着工件材料硬度的升高而下降，这是因为切削温度升高使材料软化，剪切角增加，降低了剪切力和切屑厚度，切削力下降；工件硬度超过 HRC50 时，切削力又会随着硬度的增加而升高，硬度增加使剪切屈服强度增加超过切削热导致的剪切屈服强度减小效应，高的摩擦力导致高的切削力和切屑应变，使切削力增加[22]。另外，锯齿状切屑的形成也会降低切削力[30]。

　　硬态切削过程中，切削温度会随着工件材料硬度和切削速度的提高而提高。硬态切削时大量的切削热被切屑带走，切削速度和工件材料硬度越高，切屑带走的热量越多[30]。朱学超[31]利用等效热电偶法测量淬硬钢的切削温度，发现在工件硬度为 HRC30～65 时，切削温度随着切削速度、进给量及背吃刀量的增大而增加。工件材料硬度对切削温度的影响随着背吃刀量的不同而不同。李园园[32]利用有限元法研究了高速切削 AISI1045 淬硬钢的切削区温度，结果表明，刀具的最高温度区域在距离刀尖约 0.2mm 的前刀面上，而非刀尖部分。

　　由于工件材料具有高硬度的特点，硬态切削过程中的刀具往往承受着很高的压力和温度，铣削过程中还承受着周期性机械冲击和热冲击。刀具与工件的摩擦、磨损影响着刀具的磨损。刀具良好的摩擦、磨损性能表现为摩擦系数较低、磨损行为和切屑生成稳定、刀具寿命较长、生成的工件表面质量较好。刀具材料性能的差异、工件材料和切削条件的变化导致了刀具的磨损、破损形式、主要磨损机理的不同。Veldhuis 等[33]对比了两种 PVD 涂层硬质合金刀具硬态铣削 H13 钢时的刀具性能，结果表明，干切削条件下，TiAlCrN/WN 涂层刀具的寿命比 TiAlCrN 涂层刀具长，并且切削速度越高，寿命差别越大。这是因为随着切削条件恶化，TiAlCrN/WN 涂层产生摩擦润滑膜的能力增强，能够形成更有利的摩擦条件，抑制黏结和氧化磨损的发生，工件表面硬度更高、表面粗糙度更好。

1.3.3　硬态切削表面完整性

　　零件的失效大多发生于表面，但实际上许多破坏往往是从表面之下几十微米的范围内开始的，许多表面问题都涉及表面以下的"亚表层"，即亚表层的冶金质量如显微组织变化、再结晶、晶间腐蚀、合金贫化及其物理、力学、化学状态等，是导致零件破坏的重要因素，甚至是关键因素。为了保证零件的长寿命和高可靠性使用，仅控制零件的表面粗糙度等常规表面几何特征是不够的，还必须综合考虑表面之下一定区域内的材料组织及性能的变化，即同时控制零件的表面几何形貌特征以及亚表层的显微组织、性能等变化两个方面[34]。

　　Field 等[35]于 1971 年提出了表面完整性的概念。Jahanmir 等[36]于 1977 年又进一步丰富了其定义，指出表面完整性用来表征表面及亚表层的塑性变形、裂纹、晶体组织变化、残余应力等质量指标，并且这些指标与表面的成型方法是相关的。后来，Liu 等[37]给出了比较直观的定义：表面完整性通常可用其力学、冶金学、化学和表面形貌状态等来定义。1986 年，美国国家标准 ANSI B211.1—1986 给出了与机械加工更为相关的表面完整性的定义：表面完整性是指对在制造过程中，对各种引起表面质量变化的描述与控制，包括对基体材料改变和性质的影响以及服务期内所表现出的各种行为。一般来说，表面完整性主要从两个方面进行评价：①表面几何学方面，主要评价加工表面形貌和表面缺陷，其中表面形貌常用表面粗糙度进行评价；②亚表层表材料组织的变化，硬态切削过程伴随着剧烈的塑性变形和大量的切削热，在零件表面一定深度的亚表层内会形成一层变质层，变质层的材料组织与性能等均产生了变化。

1. 加工表面形貌和表面缺陷

表面形貌也称为表面微观几何形态，是指零件加工过程中，由于刀具和零件的摩擦、切削分离时的塑性变形和金属撕裂，以及加工系统中的高频振动等，在零件的被加工表面上残留的各种不同形状和尺寸的微观凸峰和凹谷。表面形貌直接影响机械零件的使用性能。所以，零件表面形貌的精确测量和评估，不仅能使在加工过程中可能出现的变化和缺陷被正确地识别出来，并且对于优化切削工艺和提高零件表面质量都具有十分重要的意义。

加工表面形貌一般都比较复杂，通常由一个个扇贝形构成，难以用语言描述，通常采用计算机仿真方法对其进行描述，不仅可以帮助技术人员选择合适的刀具，还可以优化切削参数，为提高加工表面质量提供指导。三维表面形貌仿真模型表明，切削参数[38]和刀具倾角[39]是影响表面形貌与粗糙度的重要因素，并且它们都存在一个合理的取值范围。切削过程中的各种误差都会对表面形貌的形成产生影响。在三维表面形貌建模过程中，考虑的因素越多，仿真模型的准确性越高。Li 等[40]建立了考虑工件定位误差、机床几何误差及刀具变形的多尺度表面形貌仿真模型，该模型可以更加清楚地表述切削参数与表面形貌之间的关系。梁鑫光等[41]研究了基于动力学响应的球头铣刀五轴铣削表面形貌仿真技术，以有效预测振动条件下工件的表面形貌与加工纹理。Kim 等[42]和 Liu 等[43]建立了考虑切削过程中的刀轴偏心的表面形貌模型。Hao 等[44]考虑了切削过程中立铣刀的静力变形及刀具的磨损，对表面形貌的三维模型进行了修正。

由于加工表面的各向异性和不均匀性，在同一表面对来自不同轮廓的参数进行测量时，其结果的差异是很大的。因此，要想准确、合理地反映表面形貌，应在三维范围内评定，主要涉及三维表面轮廓的算术平均偏差 S_{ba} 和表面十点高度 S_{bz} 等参数。切削加工过程中，影响三维表面形貌的主要因素可以概括为四个方面：切削参数变量、切削过程变量、工件变量和刀具变量(表 1-2)[45,46]。实际上，上述因素对三维表面形貌的影响不是孤立的，它们之间存在着复杂的相互耦合关系，并且在切削过程中还受许多不可控因素的影响。这是因为在切削过程中，除考虑刀具-工件的相对运动、刀具几何参数之外，刀具磨损、切削变形、切削热、振动等因素对三维表面形貌也有着很大的影响，并且这些因素的相互效应是不可忽视的。

表 1-2　影响三维表面形貌的主要因素[45, 46]

影响变量	影响因素	备注
切削参数变量	切削速度 v_c、轴向切削深度 a_p、进给速度 v_f、径向切削深度 a_e	切削过程中的不变量
切削过程变量	切削力、切削温度、系统动态特性、刀具磨损、刀具轨迹、切削方式、冷却润滑条件	动态因素
工件变量	工件材料：力学性能(弹塑性、硬度等)； 工件尺寸：长宽、直径等； 工件的定位夹紧方式	—
刀具变量	刀具材料、刀具结构及几何参数、刀具长径比、刀具定位精度	—

　　加工表面缺陷是由一系列机械、电化学和热力学因素共同作用产生的，并且与工件材料有关，也属于表面完整性的范畴。加工表面缺陷的研究主要侧重于两个方面，一是加工表面缺陷成因，二是加工表面缺陷程度评价。由于加工表面缺陷复杂及分布不规则，对加工表面缺陷程度评价的研究还相对缺乏[47]。

　　加工表面缺陷的成因主要有两种：第一种是由于硬质点处与周围材料的应力应变不同，切削加工会使硬质点附近出现破裂继而产生表面损伤；第二种是由于切削时的磨损和发热，加工表面的材料被切削刃粘连，形成表面损伤[48]。除了切削参数之外，切屑形态对表面损伤也有一定的影响。锯齿状切屑将使加工表面出现微小的起伏，并导致表面粗糙度的增大[49]。

　　2. 亚表层显微组织

　　硬态切削亚表层材料在大应变、高应变率、高接触应力和瞬间高温的共同作用下，其显微组织会发生剧烈变化，形成一层组织及性能明显不同于基体材料的变质层。在光学显微镜下，变质层通常分为两部分：切削表面以下的白层和位于白层下面的黑层[50](图 1-2)。白层紧紧位于切削表面以下，对表面性能的影响更为显著。白层除了显微结构上的明显特点，还具有特殊的物理、力学性能，超细晶粒和高位错密度导致白层硬度比基体材料高[51, 52]，有利于提高零件表面的耐磨性[53]；但白层脆性很大，并常常伴随着较大的残余拉应力[54]，很容易导致微裂纹的萌生和扩展，引起材料大块剥落或成为疲劳源，降低零件的疲劳寿命或导致失效[55]；而抑制白层的形成则可以改善疲劳特性[56]。

　　白层是硬态切削的典型特征之一，但由于白层尺寸很薄，难以准确分析其组织特征。因此，白层的形成机理至今仍存在争议，国内外学者通过大量的实验研究和理论分析，主要形成以下三种学说。①相变机制。切削过程产生的大量切削

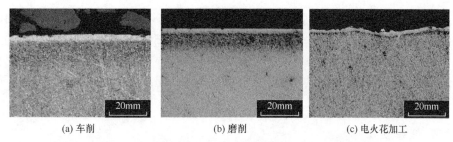

(a) 车削　　　　　　　　　(b) 磨削　　　　　　　　(c) 电火花加工

图 1-2　不同加工工艺下的白层(AISI 52100 淬硬钢)[50]

热使亚表层温度达到相变温度临界点，亚表层材料经历相变后，随即在周围空气及工件内部热传导下的快速冷却作用下经过二次淬火，形成晶粒非常细的细晶马氏体，即白层[57-59]。②塑性变形机制。一种观点认为塑性变形导致晶粒的破碎、细化，形成具有复杂位错结构的细晶粒组织(非常规马氏体)，即白层[60]；另一种观点是由塑性变形过程中大应变能提供了快速再结晶形核的驱动力，亚表层材料塑性应变和再结晶形核之间形成动态平衡，再结晶形核主导了白层的形成过程[61]。③相变-塑性变形机制。通常认为白层是相变和塑性变形共同作用的结果[55]，塑性变形在亚表层产生非常高的压力，高压力和高应变可使 $\alpha \rightarrow \gamma$ 的相变温度临界点降低，从而可以使亚表层材料在低于理论相变温度下发生二次淬火，形成白层。

3. 加工硬化

加工硬化是评定表面完整性的重要指标之一。加工硬化又称冷作硬化，是切削过程中的亚表层材料受到摩擦、挤压等，产生塑性变形，其纤维组织和微观结构产生改变，出现晶粒扭曲、滑移、畸变、破碎，以及金属进一步变形的抗力加大、硬度变大、塑性减小的现象。比较均匀的加工硬化层有利于提升工件的耐磨性能和疲劳强度；但切削加工所形成的加工硬化层，不仅不均匀，还伴随着很多微裂纹，在一定程度上影响工件的使用性能和寿命。此外，加工硬化层会在一定程度上造成后续切削困难，加速刀具磨损。

一方面，切削过程中的摩擦、挤压使亚表层材料产生塑性变形和晶格畸变，形成加工硬化层；另一方面，发生加工硬化的材料处于高能位的不稳定状态，只要有可能，就向比较稳定的状态转化，这种现象称为弱化。弱化作用的大小取决于温度的高低、温度持续时间的长短和硬化程度的大小。切削过程所消耗的能量中有 90%转化为热量释放到切削区；并且，随着应变率的提高，释放的热量越来越多，温度越来越高，材料软化也越来越厉害。因此，亚表层的最后加工硬化程度取决于强化和弱化综合作用的结果。

切削参数对加工硬化的影响是多方面的，比较复杂，因为切削力、塑性变形产生的强化作用和切削热产生的弱化作用是相反的。尽管切削参数会对加工硬化产生影响，但在淬硬模具钢高速铣削过程中，这种影响并不明显[7]。刀具磨损则是影响亚表层显微硬度的一个重要因素。这种现象归结于磨损刀具产生较多的热量。对于新刀具或磨损量为 0.2mm 的刀具，亚表层显微硬度基本上与基体材料相同；但随着刀具磨损程度的剧增，显微硬度整体上呈现上升趋势，这些结果可能与白层的形成有关[62]。

4. 残余应力

切削亚表层会产生局部的高温、高压、高应变和高应变率，亚表层材料内为达到平衡状态而存有内力，该内力称为残余应力。对于残余应力的形成机理，目前存在三种观点。①机械应力引起的塑性变形。当晶粒受刀具作用发生分离时，一部分晶粒随切屑流出，剩余晶粒残留在工件表面上。在晶粒分离的水平方向上，晶粒受到挤压作用，最终形成残余压应力；在分离的垂直方向上，晶粒受到拉伸作用，导致材料内部最终形成残余拉应力。②热应力引起的塑性变形。加工过程中，不均匀的温度分布会使亚表层材料产生热应力，加工完成后材料温度降低，基体材料又会对亚表层材料的收缩产生阻碍，形成残余拉应力。③相变引起的体积变化。材料发生相变会导致体积变化，最终在工件内部形成残余应力。影响残余应力的因素主要有刀具几何角度、刀具结构参数与磨损状态、工件材料性能参数、加工方式、切削用量等[63-65]。

1.3.4 MQL/CMQL 切削技术及内冷式刀具

在切削加工过程中，为了延长刀具使用寿命、提高加工质量，通常使用大量的切削液[66]。然而，切削液的过度使用引发了一系列问题，对自然环境及机床操作人员的健康构成了威胁，也使得生产成本居高不下[67-69]。随着加工成本的不断提高和人们环保意识的增强，一种新的冷却、润滑方式开始应用于切削过程：将切削油雾化成大量微小油滴，并利用常温或低温高压空气输送至切削加工区进行冷却、润滑，这就是 MQL/CMQL 等准干式切削技术。研究表明，该项切削技术可有效降低切削力和切削温度，抑制刀具磨损，减小切削力，在车削、铣削和磨削等加工领域均获得了良好的应用效果[70-74]。然而，MQL/CMQL 的冷却、润滑作用发挥到何种程度与温度、微小油滴的尺寸分布情况、油滴运动速度等各种流场特性密切相关。流场特性主要由雾化参数决定，如何调整雾化参数以获得最佳流场参数组合是提高 MQL/CMQL 冷却、润滑能力的关键[75-77]。

由于切削过程中的刀具-切屑和刀具-工件接触界面的高温高压及负压效应，外置式 MQL/CMQL 方式往往很难将油-气混合物有效送入切削区，而内冷刀具可以将油-气混合物直接输送到切削区，使其准确地喷射到刀具切削刃上。因此，内冷式刀具具有加工周期更短、刀具寿命更长、切屑控制更佳、对切削刃的有效冷却以及更可靠的加工过程等优点[78, 79]。

使用内冷式刀具时，油-气混合物的输送方式分为单通道和双通道两种。单通道系统先将切削油雾化，然后通过机床主轴输送至内冷刀柄，具有结构简单、维护方便等优点，但由于油滴会受到离心力作用，主轴转速不能太高。双通道系统可以利用两个通道分别输送空气和切削油，然后在靠近刀柄处使两者混合雾化，这样就获得了尺寸更加均匀的油滴，主轴可以以更高的速度旋转而不必担心离心力的影响。均匀和稳定的雾化流场往往能获得更好的冷却、润滑效果。福特汽车公司在 2014 年之前就大规模地使用双通道 MQL 切削技术加工减速箱和阀类零件[80]。为确保油-气混合物能正常发挥冷却、润滑作用，对刀具内冷孔结构有以下限制条件：①通道中尽量不要有直角结构；②减少空腔数目；③在保证刀具结构强度的条件下，通道直径应足够大；④不同内径接口处平滑过渡[79]。

目前，MQL/CMQL 切削技术和内冷式刀具已应用于生产过程中，但针对内冷孔结构对油-气混合物影响的研究较少。铣削加工中，刀具的旋转运动使油-气混合物产生了一个垂直于刀具轴线方向的运动，因此，高速空气中的油滴易于相互碰撞或黏附于冷却孔内壁上，导致油滴的尺寸和数目发生变化。所以，有必要针对内冷式刀具结构对刀具流体动力学特性的影响机理展开研究。

1.3.5 自由曲面数控程序编制与加工仿真

自由曲面加工是一种高信息处理式数控加工方式，需要从数学角度充分考虑加工可行性。随着五轴联动数控机床的发展，自由曲面零件经过一次装夹就能实现多面加工，并且在加工过程中能有效避免干涉，成为加工自由曲面零件的最有效工具。

随着计算机辅助设计技术的飞速发展，零件数控自动编程技术逐渐成为可能，已经开发出了各种自动编程系统，也逐渐变得更加智能化和集成化。数控编程技术作为数控加工技术的核心，其主要内容是通过刀具轨迹规划确定刀位点坐标和刀轴矢量姿态。采用五轴数控机床加工自由曲面时，需要考虑刀位点生成、刀位点的刀具位姿、刀具形状和尺寸等因素，并且这几个因素是相互关联的。由于问题的复杂性，难以做到同时优化所有的参数。目前的研究主要集中于刀具路径规划和刀具位姿两个方面。刀具路径规划是自由曲面加工中的最基本问题之一，需要将一些具体的约束应用到路径规划中，从而对加工时间和加工质量进行优化。刀具路径规划由路径拓扑结构和路径规划策略两部分组成。前者通过加工表面时的图案来定义，后者通过计算步长和步距获得。自由曲面的五轴加工过程中，刀具容易与被加工表面发生干涉，为避免干涉，加工过程中将刀轴倾斜一定角度，但倾角的设置会影响加工质量和加工效率。如果刀具轴线相对于初始状态的倾角保持不变，容易出现刀具与被加工曲面之间曲率不匹配的问题[81]，需要随时调整刀具位姿，实现刀轴方向平稳过渡，解决加工过程中的刀具干涉和刀轴方向突变等问题，在保证加工质量的前提下提高切削效率[82, 83]。

后置处理技术作为数控编程技术的关键技术之一，可以同时连接 CAM 编程与机床加工，是实现计算机辅助加工的枢纽。后置处理技术的有效运用可以大大提高 CAM 编程效率和数控机床加工效率。目前，常用的后置处理方法有以下三种[84]：与 CAD/CAM 软件同步开发的后置处理器、利用 VC、VB、C++等计算机高级语言编制专用的后置处理程序和独立的后置处理系统。目前，智能化和通用化是数控编程后置处理未来主要的发展方向。

为了进一步验证切削参数及数控程序的合理性与正确性，数控加工仿真成为切削加工中必不可少的举措。数控加工仿真通常分为几何仿真和物理仿真两个方面。切削热、切削力及其他物理因素的影响不考虑在几何仿真中，几何仿真只关注刀具与工件之间的运动学关系，通过刀具与工件的相交来去除材料，验证刀具轨迹规划的正确性。切削过程的物理仿真是采用力学模型仿真切削力、切削热及切削变形等切削过程的动态力学特性，以控制切削参数，达到优化切削过程的目的[85]。目前，数控加工物理仿真针对的都是某一特定的加工工序，其通用性较差，不能应用于整个加工过程。同时切削过程涉及很多力学、材料学等因素，仿真模型建立比较困难，仿真结果的准确性较差，因此其实用性也参差不齐。

1.4　本 章 小 结

本章介绍了硬态切削的定义及优越性，分析了先进刀具材料及涂层技术、硬态切削机理、加工表面完整性、MQL/CMQL 切削技术与内冷式刀具、自由表面数控程序编制与加工仿真等方面的研究现状。结果表明，对模具钢进行硬态铣削具有明显的技术优势和经济优势，并具备显著的潜在应用前景。

第 2 章　模具钢硬态铣削理论基础

模具钢硬态铣削过程中，刀具的负前角或倒棱结构容易形成锯齿状切屑，引起切削力的周期性波动，降低加工精度，加剧刀具磨损，降低表面质量。因此，模具钢硬态铣削过程中的锯齿状切屑形成、切屑显微组织演变及刀具磨损越来越为机械加工领域所重视，也一直是金属切削理论的研究重点。

2.1　H13 模具钢硬态铣削锯齿状切屑

2.1.1　锯齿状切屑形貌

H13 钢作为一种综合性能优良的模具钢，广泛应用于制作热模锻、热挤压和压铸模具。为获得良好的机械性能和力学性能，H13 钢通常要经过淬火(温度为 1020～1050℃)和回火处理(温度为 600℃)，热处理后的组织为板条状马氏体以及少量残余奥氏体和合金碳化物，其化学成分及材料特性分别如表 2-1 和表 2-2 所示。

表 2-1　H13 钢的化学成分

成分	C	Mn	Si	Cr	Mo	V	Ni	Fe
质量分数/%	0.32～0.45	0.20～0.50	0.80～1.20	4.75～5.50	1.10～1.75	0.80～1.20	0～0.30	余量

表 2-2　H13 钢的材料特性

参数	密度 ρ /(kg/m³)	杨氏模量 E /GPa	硬度(HRC)	抗拉强度 σ_b /MPa	导热系数 λ /(W/(m·K))
数值	7800	210	50±1	1579	25.6

锯齿状切屑是模具钢硬态铣削过程中的一个典型特征[62]。因此，为了便于理解锯齿状切屑形成过程，在图 2-1 中定义了切削刃和切削参数(轴向切削深度、径向切削深度)。同时，定义了切屑的自由表面、背面(与刀具前刀面接触)、顶面和断面。

1. 切屑自由表面

薄片结构是切屑自由表面的基本特征，是由切削过程中的剪切变形造成的，如图 2-2 所示。切屑自由表面由两部分形状不同的薄片构成，分别由铣刀侧刃和端刃形成。主要部分的薄片与侧刃平行，而圆角部分的薄片有一定的倾斜，基本上与端刃平行。

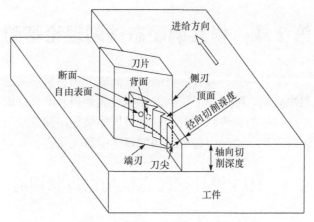

图 2-1　锯齿状切屑定义示意图

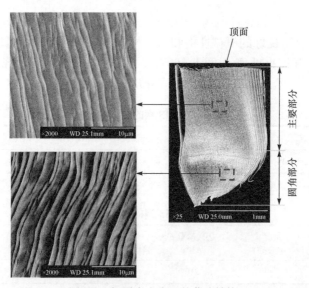

图 2-2　切屑自由表面的薄片结构

从理论上讲，所有的切削参数(切削速度 v_c、每齿进给量 f_z、径向切削深度 a_e、轴向切削深度 a_p)都会对薄片结构的形成产生影响。但实际上，根据切屑自由表面的 SEM 照片可知，切削速度和每齿进给量是影响自由表面薄片尺寸与形状的主要因素，而切削深度的影响很小。如图 2-3(a)和(b)所示，当切削速度和每齿进给量较小时，薄片的宽度小且分布均匀；随着切削速度和每齿进给量的提高，薄片的宽度变大，薄片间隔也增大(图 2-3(c)和(d))，这意味着锯齿状切屑的形成。

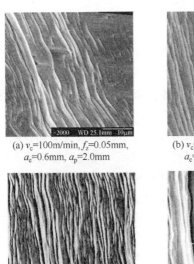
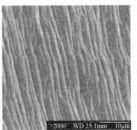

(a) v_c=100m/min, f_z=0.05mm,
a_e=0.6mm, a_p=2.0mm

(b) v_c=150m/min, f_z=0.10mm,
a_e=0.4mm, a_p=2.5mm

(c) v_c=200m/min, f_z=0.15mm,
a_e=0.4mm, a_p=2.0mm

(d) v_c=250m/min, f_z=0.20mm,
a_e=0.6mm, a_p=2.5mm

图 2-3　切削速度和每齿进给量对切屑自由表面形貌的影响

2. 切屑背面

切削过程中，切屑背面与刀具前刀面紧密接触，切屑背面的塑性变形受到刀具前刀面的约束。因此，当切屑流经前刀面时，背面要承受很高的接触应力、很大的摩擦力和很高的温度，上述原因导致切屑背面比较光滑且有光泽(图 2-4)。尽管切削刃的不规则性和刀具材料中的一些硬质点会导致切屑背面上出现一些相互平行的条纹，但相对于自由表面，切屑背面仍要平滑得多。无论接触应力、摩擦力、刀具和切屑温度如何变化，切削参数对切屑背面特征几乎没有什么影响。

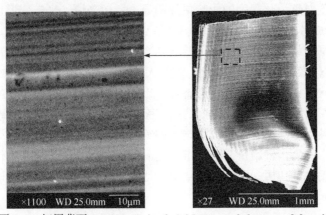

图 2-4　切屑背面 (v_c=100m/min, f_z=0.05mm, a_e=0.6mm, a_p=2.0mm)

2.1.2 切屑形态转变

一般来说，工件材料属性及切削条件是影响切屑形态的决定性因素，其中工件材料属性的影响最为重要。对于具有高硬度和低热物理性能($\lambda\rho c$，导热系数 λ、密度 ρ 和比热容 c 的乘积)的淬硬模具钢，加工时常在很宽的切削速度范围内形成锯齿状切屑。

若提高切削速度，则应变速率增大，导致材料脆性增加，易于形成锯齿状切屑；同时，切削速度提高会导致切屑温度升高，致使脆性减弱，因此，切削速度影响锯齿状切屑的产生。在低切削速度和小每齿进给量条件下，切屑呈现连续状态，如图 2-5(a)所示。随着切削速度和每齿进给量的提高，切屑转变为锯齿状，如图 2-5(b)所示[86]。但随着切削速度的进一步提高，锯齿化程度增加，直至形成分离的单元切屑[87]。

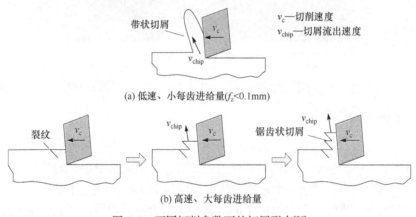

(a) 低速、小每齿进给量(f_z<0.1mm)

(b) 高速、大每齿进给量

图 2-5　不同切削参数下的切屑形态[86]

每齿进给量对形成锯齿状切屑也有很重要的影响，而且随着每齿进给量的增加，切削速度对锯齿化程度的影响更加明显。一般来说，当未变形切屑厚度小于 20μm 时，形成带状切屑；当未变形切屑厚度超过 20μm 时，切屑形态为锯齿状[22]。

在形成锯齿状切屑的情况下，改变切削条件：进一步减小前角，或加大切削厚度，就可以得到粒状切屑；反之，若加大前角、提高切削速度、减小切削厚度，则可得到带状切屑。这说明切屑形态是可以随切削条件变化而变化的。

如图 2-6 所示，通过观察切屑的横截面可以发现，H13 模具钢硬态铣削过程基本形成两种类型的切屑：比较均匀、连续的带状切屑和锯齿状切屑。较低的切削速度和较小的每齿进给量会形成带状切屑；而较高的切削速度和较大的每齿进给量会产生锯齿状切屑。根据实验结果，切削速度和每齿进给量对切屑形态的影响如表 2-3 所示。

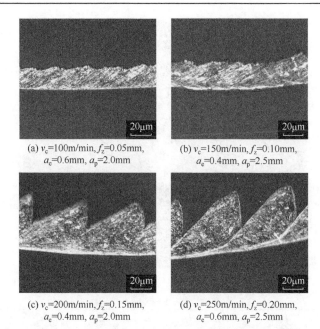

(a) v_c=100m/min, f_z=0.05mm,
a_e=0.6mm, a_p=2.0mm

(b) v_c=150m/min, f_z=0.10mm,
a_e=0.4mm, a_p=2.5mm

(c) v_c=200m/min, f_z=0.15mm,
a_e=0.4mm, a_p=2.0mm

(d) v_c=250m/min, f_z=0.20mm,
a_e=0.6mm, a_p=2.5mm

图 2-6　切削速度和每齿进给量对切屑形态的影响

表 2-3　不同切削速度和每齿进给量下的切屑形态

切削速度 v_c/(m/min)	每齿进给量 f_z/mm			
	0.05	0.10	0.15	0.20
100	带状	带状	带状	带状
150	带状	带状	锯齿状	锯齿状
200	锯齿状	锯齿状	锯齿状	锯齿状
250	锯齿状	锯齿状	锯齿状	锯齿状

2.1.3　锯齿状切屑的几何特征

为了研究切削参数对锯齿状切屑的影响，如图 2-7 所示，针对锯齿状切屑分别定义了锯齿节距(锯齿到锯齿的距离)p_c、锯齿高度(锯齿顶部到根部的距离)t_1、锯齿厚度(锯齿顶部到底面的距离)t_2和锯齿倾斜角 λ 等几何特征参数。

如图 2-8 所示，切削速度为 200m/min 时，切屑的锯齿节距随着每齿进给量的增加而变小；但当切削速度为 250m/min 时，每齿进给量对锯齿节距的影响则不同。如图 2-9 所示，锯齿状切屑的倾斜角为 56°～64°，远远大于 45°。这说明，锯齿状切屑的形成不完全是由纯剪切造成的。

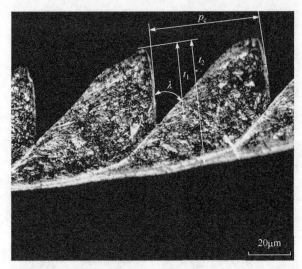

图 2-7 锯齿状切屑几何特征

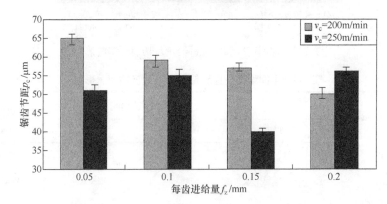

图 2-8 每齿进给量对锯齿节距的影响

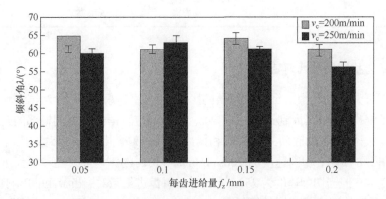

图 2-9 每齿进给量对锯齿状切屑倾斜角的影响

2.2　H13 模具钢硬态铣削仿真分析

相对于车削，铣削过程更复杂，刀具旋转运动的同时，还与工件发生相对进给运动。目前铣削过程的三维仿真还存在一系列问题导致仿真结果不理想，主要问题有：①三维刀具结构比较复杂，网格尺寸大且容易发生畸变；②网格尺寸大导致不能精确地描述刀具微观结构，影响仿真结果；③三维条件下对网格畸变、收敛等的判断更加复杂，计算精度较差。因此，本章采用简化的方法，将三维铣削过程转换为二维切削过程有限元仿真模型，并利用 ABAQUS 软件建立了 H13钢的有限元切削仿真模型，得到了切削力、切屑形态、温度场、应力场、应变能等参数，为后续锯齿状切屑形成机理与白层尺寸的预测分析打下了基础。

在铣削过程中，铣刀切削刃上一点的运动轨迹为一条次摆线[88]。如图 2-10 所示，刀尖的运动轨迹方程为

$$\begin{cases} x = \pm r_b\varphi + R\sin\varphi \\ y = R(1-\cos\varphi) \end{cases} \tag{2-1}$$

式中，加减号分别代表逆铣和顺铣；φ 为切削过程中刀具旋转角度；R 为刀具半径(mm)；r_b 表示基圆半径(mm)，r_b 值由以下公式获得：

$$r_b = \frac{f_z Z_n}{2\pi} \tag{2-2}$$

其中，f_z 为每齿进给量(mm)；Z_n 为刀具齿数。

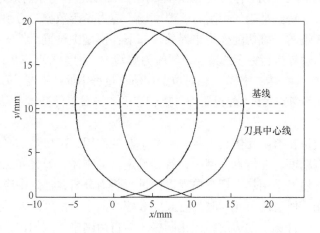

图 2-10　刀尖次摆线运动轨迹

对于一定刀具参数(刀具半径)及切削参数(切削速度、进给速度、径向切削深度)条件下，通过式(2-1)可以计算出切削刃上某一点的运动轨迹，从而得到未变形切屑的几何形状。根据计算结果，建立二维切削几何模型，如图 2-11 所示。图中，a_e表示径向切削深度，n 表示主轴转速。

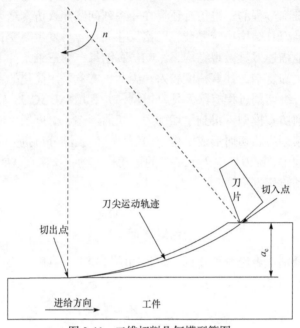

图 2-11　二维切削几何模型简图

H13 钢的二维切削有限元仿真模型如图 2-12 所示。为了有效地模拟 H13 钢硬态铣削过程，得到准确的切削力、温度场、应力场等数据，必须准确地设置边界条件。H13 钢的二维切削模型边界条件如下：模型中设置工件固定，将工件的下边界与左右边界进行完全约束。设置铣刀旋转中心为参考点 RP-1，在参考点与刀具之间建立刚性连接，各节点相对位置在仿真过程中保持不变。刀具围绕中心做旋转运动，在参考点 RP-1 处设置刀具旋转速度。设置工件基体、刀具、切屑的初始温度为 25℃。

网格的质量在有限元仿真中有着非常重要的作用，高质量的网格划分可以极大地提高仿真精度。在仿真模型中，将刀具定义为刚体，刀具和工件的网格采用不同的类型。模型采用热力耦合单元以便进行热力分析，模型中应力分布与温度分布相互作用，所有的单元同时具有温度和位移两个自由度。刀具选用四边形自由网格类型，工件选用四边形结构化网格。与自由网格类型相比，结构化网格生成的质量更好，计算精确性更高，与实际结果更为接近。

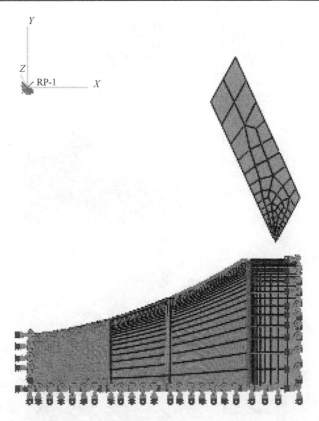

图 2-12　H13 钢的二维切削有限元仿真模型

图 2-13 为切削过程中的 Mises 应力场。其中，图 2-13(a)为 Mises 应力分布图，图 2-13(b)为 Mises 应力等值线图。由图可以看出，相对于其他区域，在第一变形区内材料应力值最大；在切削过程中，该区域应力较为集中，切削层材料与基体在该区域发生分离，变成切屑。

图 2-14 为切削过程中的第一变形区示意图，OA、OM 即图 2-13(b)中的应力场等值线。当刀具旋转时，工件中某一点 P 向前移动，当 P 点运动到点 1 时，应力值等于剪切屈服强度 τ_s。在点 1 向前移动的同时，沿 OA 线发生滑移，最终运动到点 2，2′-2 就是该点的滑移量。同理，变形区内其他点同样发生滑移。最终运动至点 4，材料移动方向平行于刀具前刀面，至此材料滑移结束，并最终成为切屑。OA 称为始滑移线，OM 称为终滑移线。在 OA 与 OM 间的部分称为第一变形区，该区域的主要特征是材料发生剪切滑移，会产生加工硬化，硬度提高。在第一变形区之外的其他区域，离该区域越远，应力值越小，此时材料未发生剪切滑移。H13 钢的剪切屈服强度约为 1579MPa，因此在图 2-13(b)中对切削过程中的始滑移线、终滑移线进行了标注，两条滑移线之间的区域为第一变形区。

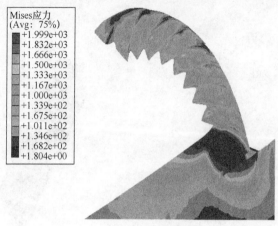

(a) Mises应力分布图

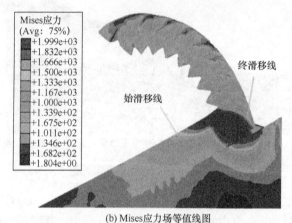

(b) Mises应力场等值线图

图 2-13　Mises 应力分布图

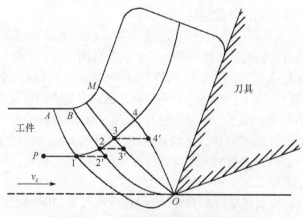

图 2-14　切削第一变形区示意图

根据材料力学定义，材料内部任意一点的应力有六个分量，即 σ_x、σ_y、σ_z、τ_{xy}、τ_{xz}、τ_{yz}，定义 $p=(\sigma_x+\sigma_y+\sigma_z)/3$ 为等效应力。图 2-15(a)为正应力分布云图，S_{11} 表示 x 方向的正应力分量 σ_x。由图 2-15(a)可以看出，切屑与基体材料分离处的正应力主要以压应力为主，靠近刀尖处的压应力达到峰值，证明此处材料受到刀具的严重挤压。图 2-15(b)为等效应力 p 分布云图，切屑中的等效应力以拉应力为主，且在靠近切削刃处拉应力峰值超过 4000MPa，材料容易发生屈服。这是由于在切削过程中，高等效应力导致此处材料发生剪切屈服；随着刀具的前进，切削层材料与基体材料发生分离，形成切屑。

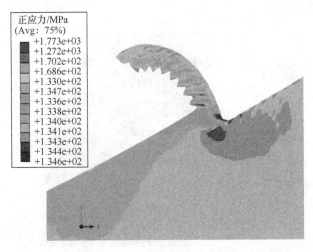

(a) 正应力分布云图

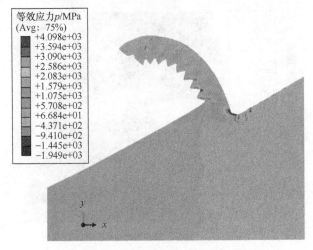

(b) 等效应力分布云图

图 2-15　切削过程中的应力分布图

从图 2-16 可以明显地看到，等效塑性应变分布规律与绝热剪切带一致，在该区域内等效塑性应变较大，在绝热剪切带内等效塑性应变都高于 1.658，大部分位置等效塑性应变为 1.658～4.422，部分位置峰值可达 6.633，在绝热剪切带外，应变较小，小于 1.658。可以看到，绝热剪切带内应变分布带向前刀面与切屑背面接触区域延伸。由于绝热剪切带内的剪切变形与切屑背面上切屑与刀具的挤压摩擦作用，绝热剪切带与切屑背面两个区域内的应变值最大，即两个区域内累加的塑性应变最大，表明这两个位置材料变形最严重，产生的塑性功也最多，温升也比其他区域大。值得强调的是，应变的分布规律与切屑温度场、绝热剪切带与切屑背面白层分布规律一致。

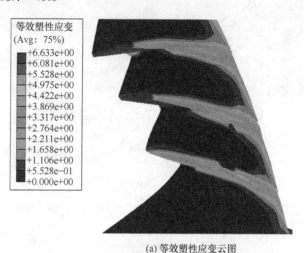

(a) 等效塑性应变云图

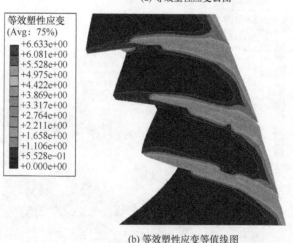

(b) 等效塑性应变等值线图

图 2-16　等效塑性应变分布图

在切削过程中，有三个原因导致切削热的生成：在剪切面上由于材料发生变形而做功、切屑背面与前刀面之间发生摩擦做功、后刀面与过渡表面之间发生摩擦做功。由热量产生的来源可以推测，三个变形区内温度值最高。图 2-17 为切削温度场。从图中可以看出，第二变形区内温度最高，热量来源于切屑与刀具前刀面的挤压和摩擦。绝热剪切带内由于材料发生剪切滑移而做功，同样产生大量的热量，所以绝热剪切带内温度分布高于周围材料温度。如前所述，在淬硬模具钢切削中，应变分布与温度场分布的规律基本一致。

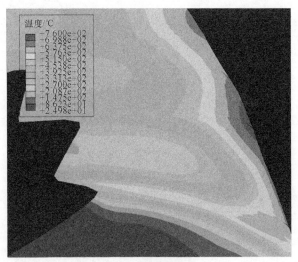

(a) 节点温度场

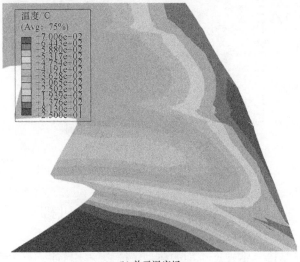

(b) 单元温度场

图 2-17　切削温度场

此外，研究发现，随着刀具钝圆半径与切削速度的增大，材料温度升高。取某一组切屑中温度最高值作为该组参数条件下的切削温度，得到温度随不同参数的变化趋势，如图 2-18 和图 2-19 所示。

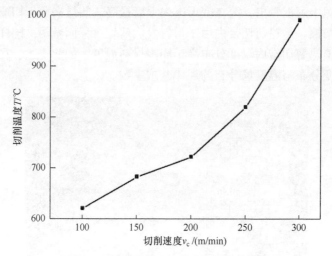

图 2-18　切削温度随切削速度的变化规律

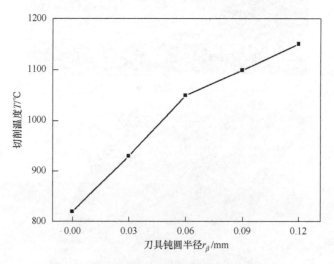

图 2-19　切削温度随刀具钝圆半径的变化规律

2.3　锯齿状切屑的形成机理

锯齿状切屑是模具钢硬态铣削的典型特征之一。目前，有关锯齿状切屑形成机理的解释尚无统一的观点，主要存在两种理论：绝热剪切理论[89]和周期性断裂理论[90]。而大多数学者认为，剪切温度的突然升高，使得材料的热软化效应超过加工硬化效应，发生绝热剪切失稳而形成锯齿状切屑[91]。

　　绝热剪切是一种材料应变硬化、应变率硬化和热软化的耦合效应，模具钢硬态切削过程中第一变形区内的大应变、高应变率和热集中的环境，恰恰促进了这种耦合，从广义上讲，只要切削速度足够高，能够达到材料变形硬化和热软化的平衡，任何材料在切削过程中都有发生绝热剪切的可能[92]。因此，随着切削速度的提高，越来越多的被加工材料发生绝热剪切是必然的。Komanduri 等[89]和 Recht[93]提出用绝热剪切理论来对这种锯齿状切屑的产生进行了研究与分析，认为切削过程中的热塑性失稳导致出现的绝热剪切现象是切屑呈现锯齿状的主要原因，这一理论得到了大多数学者的认可。研究发现，与带状切屑、单元切屑、崩碎切屑相比，锯齿形切屑的第一变形区范围更大，导致在变形过程中材料的剪切滑移距离通常高于其他三种类型。塑性变形对材料有强化作用，而切削温度又使材料发生热软化效应。而在绝热剪切现象出现时，材料以发生热软化作用为主，强化作用不明显，导致工件材料热塑性失稳。在锯齿状切屑中，热塑性失稳一般发生在一定宽度(通常为几十微米)的绝热剪切带中，绝热剪切带形成过程的材料硬度通常高于基体材料，且容易发生组织转变。

　　图 2-20 为 H13 模具钢绝热剪切过程中的等效塑性应变云图。图 2-20(a)为刀具开始切入被加工材料时，刀具与工件发生挤压与摩擦，在第二变形区切屑背面与刀具的挤压摩擦现象最为严重，因此该区域内等效塑性应变最大，但此时材料未发生明显的剪切变形。如图 2-20(b)所示，当刀具继续旋转时，随着进一步的挤压与摩擦，应变值进一步增大，且应变峰值沿带状分布扩展。此时，第二变形区与刀具摩擦部分温度升高，发生热软化作用，材料开始发生热塑性失稳。如图 2-20(c)所示，刀具继续旋转，应变继续增大，材料发生剪切滑移，绝热剪切带形成，且切屑自由表面呈现锯齿状。此时应变峰值达到 5.435，在绝热剪切带中，应变值都高于 1.812。由图 2-20(c)可以看出，在第一变形区应变值开始增大，高于周边区域应变值，开始形成下一个锯齿。由图 2-20(d)可知，刀具继续旋转，切屑第一变形区内应变值增大，切屑材料发生热塑性失稳，材料晶粒发生剪切滑移，生成下一个绝热剪切带。

　　从图 2-21 能够看出，绝热剪切带内的材料温度明显高于绝热剪切带外材料温度。结合图 2-20 中的等效塑性应变云图能够看出，等效塑性应变分布规律与绝热剪切带基本吻合，区域内发生了严重变形。以上结果表明，绝热剪切带内材料发生热塑性失稳，且发生热软化效应，导致材料沿着一定方向发生剪切滑移，形成绝热剪切带，最终形成锯齿状切屑。

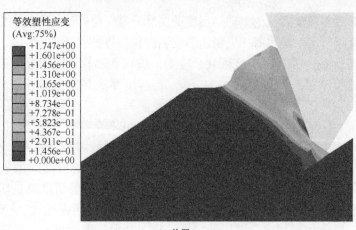

(a) 位置1

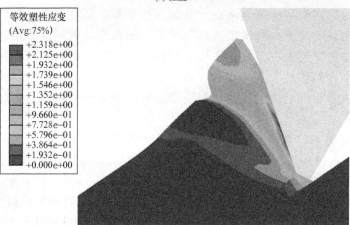

(b) 位置2

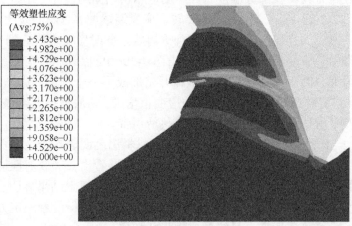

(c) 位置3

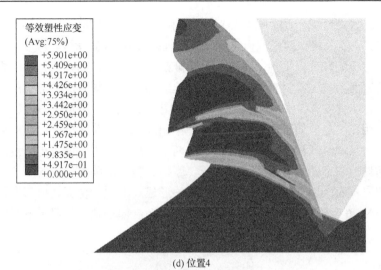

(d) 位置4

图 2-20　模具钢绝热剪切过程中的等效塑性应变云图

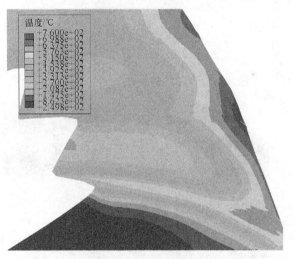

图 2-21　切屑温度场

2.4　切屑显微组织演变及力学性能

2.4.1　切屑白层的形成机制

由前述分析可以发现，切屑背面白层及绝热剪切带的分布与工件材料应变及温度场分布有着直接联系。因此，通过对比分析切削区应变场、温度场与观测的切屑白层，可以揭示切屑白层的形成机制。如图 2-22 所示，为便于研究，将切屑分为三个区域，分别为：①切屑背面区域，此区域紧邻第二变形区，表面产生较薄白层；②过渡区域，此区域主要对应切削第二变形区，区域内白层较厚；③绝热剪切带，主要分布在两个锯齿之间，该区域内应变值高，材料发生严重的变形。

对比三个区域可以发现，过渡区域温度最高且应变较高。这是由于在第二变形区中前刀面与被加工材料发生严重的挤压摩擦作用，导致大量的切削热与材料塑性变形，使材料有较高的温度与应变。由图 2-22(c)可以看到，过渡区域白层厚度最大。而在绝热剪切带内，应变较大，但温度低于过渡区域，白层厚度较小。在切屑背面区域温度较高，但应变小于前两个区域，白层厚度也小于过渡区域。

在模具钢硬态切削过程中，由挤压、摩擦、剪切滑移等产生的高应变与切削热导致切屑背面区域与绝热剪切带内白层的形成。有限元仿真结果表明，切屑背面区域与过渡区域白层的分布规律与温度场分布规律一致。过渡区域对应切削过程的第二变形区，该区域内温度最高，白层厚度最大。

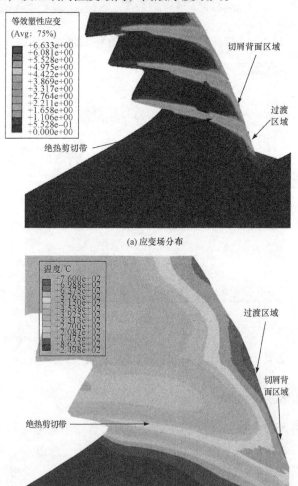

(a) 应变场分布

(b) 温度场分布

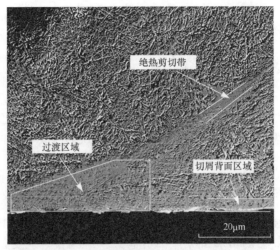

(c) 切屑不同区域白层

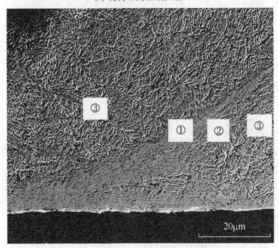

(d) 绝热剪切带形貌

图 2-22　切屑温度场、应变场与白层对比

　　绝热剪切带的分布规律与等效塑性的应变分布规律一致,材料内部发生变形,塑性应变增大,材料温度升高,进而发生热软化效应,诱导材料发生剪切滑移,在光学显微镜下观测呈现白色。仿真结果表明,绝热剪切带内温度低于相变温度临界点,未发生相变。而在两个相邻绝热剪切带之间的区域,应变与切削热都较小,材料未发生剪切滑移与相变。分析图 2-22(c)与图 2-22(d)可以发现,绝热剪切带白层与切屑背面区域白层具有明显的差异。两个位置的白层组织都不可分辨,但绝热剪切带与基体材料之间存在着明显的过渡带,如图 2-22(d)中区域②所示。区域②内晶粒沿着绝热剪切带的方向拉伸,证明绝热剪切带的形成与晶粒变形有关。

综上所述，剪切滑移是形成绝热剪切带的主要原因，并与晶粒变形有着密切关系，区域①内(图 2-22(d))是否有相变的发生目前存在一定争议。有限元仿真结果表明，绝热剪切带内温度约为 550℃，低于 H13 钢修正后的相变温度临界点600℃(需要说明的是，有关相变温度的修正计算见 2.4.2 节)，未发生相变。切屑背面区域与过渡区域(图 2-22(b))和基体材料存在明显的界限，边界晶粒未发生拉伸变形。有限元仿真结果表明，该区域内温度约为 760℃，高于修正后的相变温度临界点，材料发生了相变。因此，该区域内白层的形成与相变有关，而与绝热剪切带无关。

2.4.2　切屑白层的尺寸预测

铣削是一种生成变厚度切屑的断续切削方式，即顺铣过程中切屑的厚度由大变小，因此随着铣刀的切入和切出，切削力、切削温度、应变等物理量都有明显的变化。为了更好地分析铣削过程中的物理量变化规律及相变机制，将铣削过程分为三个阶段(初始阶段、中间阶段、切出阶段)进行分析。对应每个阶段分别分析三个不同的区域(图 2-22)：切屑背面区域、过渡区域与绝热剪切带。不同区域之间的温度场分布存在明显的不同，结合之前的理论分析部分应力应变等对相变温度的影响规律，对不同区域白层的厚度做出预测。

图 2-23 为切屑白层尺寸预测流程图。首先建立有限元模型，并进行铣削实验验证有限元模型的准确性。令起始点 $n=1$，提取起始点坐标(x_1, y_1)与切削温度、应力、应变能等数据，代入式(2-3)得到修正后的 H13 钢的相变温度，以此值对白层尺寸进行预测，当材料温度高于相变温度时，室温组织变成奥氏体，最终形成白层。

$$A'_{c1} = A_{c1} \exp\left(\frac{\Delta_\alpha^\beta V_m P - W_s}{\Delta_\alpha^\beta H_m}\right) \tag{2-3}$$

式中，A_{c1} 是工件切削变形前的相变温度，可由式(2-4)计算：

$$A_{c1} = 727℃ - 10.7 w_{Mn} - 16.9 w_{Ni} + 29 w_{Si} + 16.9 w_{Cr} \tag{2-4}$$

$\Delta_\alpha^\beta V_m$ 是摩尔体积变化量(m³/mol)；$\Delta_\alpha^\beta H_m$ 是在 $\alpha \rightarrow \beta$ 相变过程中摩尔熔的变化量(J/mol)，考虑到钢的 $\alpha \rightarrow \beta$ 相变过程与纯铁类似，本模型采用纯铁的 $\Delta_\alpha^\beta H_m$ 值(920.5J/mol)；W_s 为应变能(J/mol)；P 为应力(MPa)。若该点温度 $T_n \leqslant A'_{c1}$，则表明该点未发生相变，进入下一步骤计算白层尺寸；若该点温度 $T_n > A'_{c1}$，则表明该点材料温度高于相变温度，材料发生相变，令 $n=n+1$，取下一点切削温度、应力等数据进行判定，如此往复，直至满足条件 $T_n < A'_{c1}$，提取第 n 点坐标值(x_n, y_n)计算得到白层尺寸。白层尺寸计算公式如下：

$$d = \sqrt{(x_n - x_1)^2 + (y_n - y_1)^2} \tag{2-5}$$

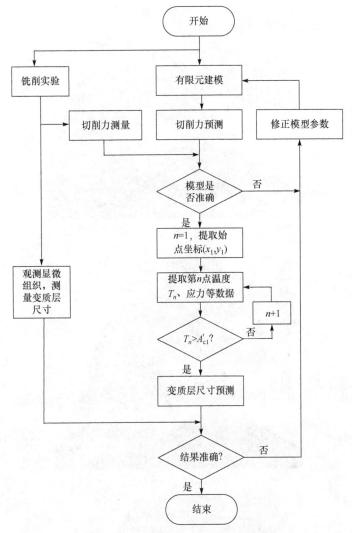

图 2-23　切屑白层尺寸预测流程图

　　以切削条件 v_c=250m/min、f_z=0.20mm、a_e=1.5mm、a_p=1.5mm、r_β=0mm 的实验为例，分析其开始部分的两个区域。图 2-24 和图 2-25 分别为切屑背面区域、过渡区域厚度与长度方向的路径。如图 2-26～图 2-28 所示，实线为沿选取路径的材料温度变化曲线，虚线为应力应变等因素影响下的相变温度变化曲线，由于应力梯度的存在，相变温度沿提取路径的距离也不断发生变化。当工件某一区域温度高于相变温度时，该区域就会发生相变，产生白层。如图 2-26 中得到相变温度 T_n= A'_{c1} 的临界点，求出该点与起始点的距离，即白层尺寸。对于过渡区域长度，两个临界点之间的距离即白层尺寸。

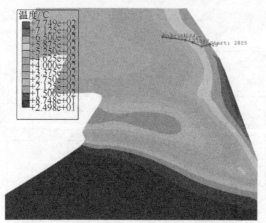

图 2-24　切屑背面区域有限元数据提取路径

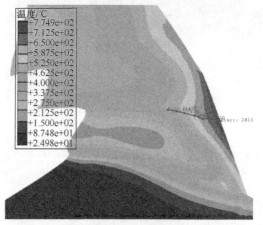

(a) 过渡区域厚度方向

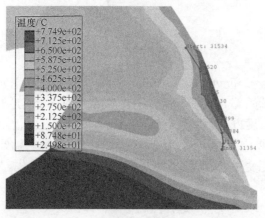

(b) 过渡区域长度方向

图 2-25　有限元数据提取路径

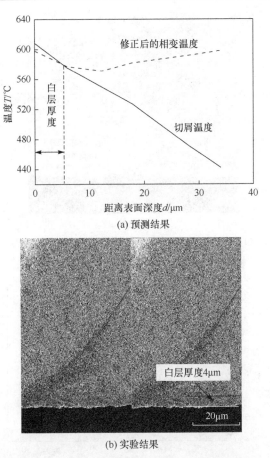

(a) 预测结果

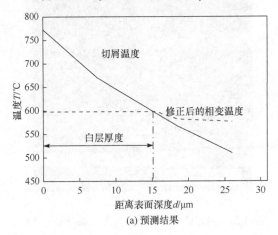

(b) 实验结果

图 2-26 切屑背面区域白层厚度预测结果与实验结果

(v_c=250m/min, f_z=0.20mm, a_e=1.5mm, a_p=1.5mm)

(a) 预测结果

(b) 实验结果

图 2-27 过渡区域白层厚度预测结果与实验结果

(v_c=250m/min, f_z=0.20mm, a_e=1.5mm, a_p=1.5mm)

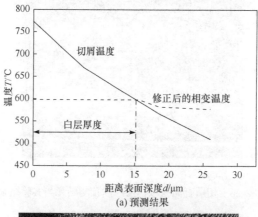

(a) 预测结果

(b) 实验结果

图 2-28 过渡区域白层长度预测结果与实验结果

(v_c=250m/min, f_z=0.20mm, a_e=1.5mm, a_p=1.5mm)

将表 2-1 中的合金元素的平均质量分数代入式(2-4)，计算可以得到 H13 钢切削变形前的相变温度为：$A_{c1} = 727 - 10.7 \times 0.35 - 16.9 \times 0.15 + 29 \times 1 + 16.9 \times 5.125 = 836(℃)$。在 ABAQUS 软件中，应变能的密度单位为 mJ/mm^3，压力的单位为 MPa。对纯铁来说，$1mJ/mm^3 = 7.377J/mol$，$\Delta_\alpha^\beta V_m = -0.06cm^3/mol$。因此，对 H13 钢进行切削时，综合考虑合金元素、应变能、应力等影响的 H13 钢相变温度为

$$A'_{c1} = 836\exp\left(\frac{-0.06P - 7.377W_s}{920.5}\right) \tag{2-6}$$

以图 2-24 中过渡区域某一点为例，计算该点修正后的相变温度值。从有限元仿真结果中提取某一点应力值 1280MPa、应变能 35J/mol，代入式(2-6)可得该点的相变温度修正值为

$$A'_{c1} = 836\exp\left(\frac{-0.06 \times 1280 - 7.377 \times 35}{920.5}\right) = 576(℃) \tag{2-7}$$

同理，可以获得该提取路径上其他点的相变温度修正值，得到如图 2-26～图 2-28 所示的沿提取路径修正后的相变温度变化曲线(图中虚线部分)。

根据图 2-29 和图 2-30 所示的切屑白层尺寸预测值和实验值，计算可得白层尺寸的最大预测误差为 14.2%，表明理论分析结果与实验结果的吻合度很高，可以准确地预测切屑白层厚度。切屑白层厚度的分布规律与之前的分析一致：在过渡区域，温度与应变值最高，白层厚度最大；背面区域温度与应变值都最小，白层厚度最小。

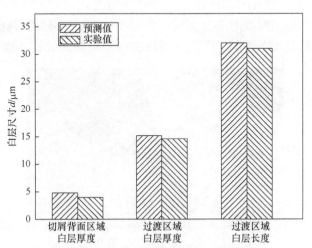

图 2-29　切削初始阶段的切屑白层分析结果

(v_c=250m/min, f_z=0.20mm, a_e=1.5mm, a_p=1.5mm)

对比分析图 2-29 和图 2-30 可知，随着顺铣过程中的切屑厚度变小，温度、应力值等减小，切屑白层厚度同样减小。在初始切削阶段的切屑白层厚度最大，

进入中间切削阶段后厚度减小；在切出阶段已经不能观测到白层，这是因为切出阶段的变形区最高温度低于相变温度，没有产生相变。

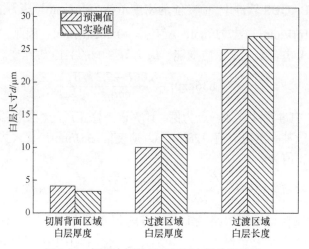

图 2-30　切削中间阶段的切屑白层分析结果

(v_c=250m/min, f_z=0.20mm, a_e=1.5mm, a_p=1.5mm)

2.4.3　切屑力学性能分析

为了评价显微组织演变所导致的力学性能变化，采用纳米压痕技术对锯齿状切屑绝热剪切带(区域 A)和切屑背面(刀具-切屑接触区，区域 B)进行硬度测试，纳米压痕测试点分布情况如图 2-31 所示。图 2-32 为采用不同刃口钝圆半径铣刀切削条件下锯齿状切屑绝热剪切带和切屑背面纳米硬度测试结果。绝热剪切带的纳米

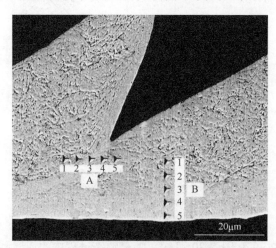

图 2-31　绝热剪切带和切屑背面的纳米压痕测试点分布

(v_c=200m/min, f_z=0.2mm, a_e=1.5mm, a_p=1.5mm)

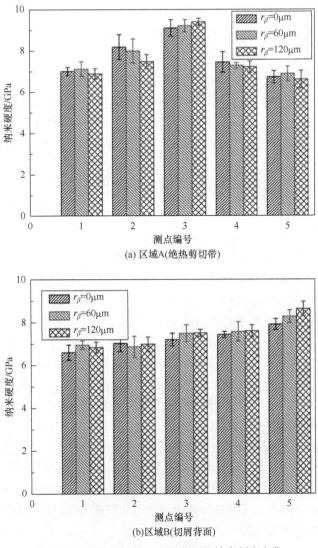

图 2-32　绝热剪切带和切屑背面的纳米硬度变化

(v_c=200m/min, f_z=0.2mm, a_e=1.5mm, a_p=1.5mm)

硬度值近似成对称分布，剪切带内的硬度值最高，超过 9GPa(基体硬度为 5.35GPa)。由绝热剪切带内侧向两侧延伸，硬度逐渐减小。同样，纳米硬度在靠近切屑背面区域的位置最高，随着深度的增加，硬度同样逐渐变小。硬度分布规律与观测到的绝热剪切带和切屑背面区域显微组织的演变程度具有较好的一致性。另外，较大的刀具钝圆半径对应更高的硬度，这进一步说明经钝化处理的铣刀可引起更为剧烈且集中的材料塑性变形。

2.5　干式切削条件下的刀具磨损和破损

模具钢硬态切削过程产生的切削力和切削温度都很高，同时切削区的工件材料发生着强烈的塑性变形和摩擦，刀具处于复杂的应力和高温摩擦条件中，加剧了刀具磨损。因此，刀具磨损是评价模具钢硬态铣削工艺的重要指标。本节通过硬态铣削综合考察淬硬模具钢干式切削条件下的硬质合金刀具磨损和破损的形态与机理。

2.5.1　刀具磨损和破损形态

1. 前刀面磨损

前刀面是切屑流过的表面，前刀面上存在切削过程中压力和温度最高的区域，在切削过程中不可避免地发生磨损。图 2-33 为 H13 钢干式切削时的刀具初期磨损的 SEM 形貌。刀具在进行 SEM 观测之前经过了丙酮清洗，以去除表面黏附的有机物，又浸在无水乙醇中超声清洗 15min，以去除表面杂物。从图 2-33 可以看出，前刀面在切削很短的时间内就发生了磨损，只是此时磨损不是很明显，在较高的放大倍数下才能看出这是一层黏附到前刀面上的工件材料。图 2-34 为刀具前刀面磨损形貌，在拍照前刀具的清洗均采用上述方法处理。利用光学显微镜可以观察到工件材料黏附在前刀面上，切削刃上的涂层已经被磨掉。H13 钢硬态铣削过程中，刀具前刀面并没有出现常见的月牙洼磨损，这是由两方面原因引起的，一是切削采用的每齿进给量较小，导致切屑厚度较小，不容易产生月牙洼磨损；二是前刀面上的(Ti, Al)N/TiN 多涂层硬度高、摩擦系数小、与工件材料化学亲和力小，能够减小刀具前刀面磨损程度，从而抑制月牙洼磨损的产生。从图 2-34(b)还可以看出，切削刀具前刀面上在靠近工件新生成表面的刀片底部工件材料黏附最严重，从底部往上工件材料的黏附依次减轻。

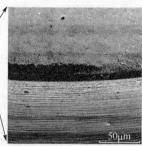

(a) 新刀具　　　　　　　　(b) 磨损刀具　　　　　　　　(c) 放大图

图 2-33　干式切削初期前刀面磨损 SEM 形貌

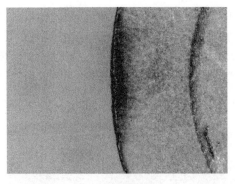 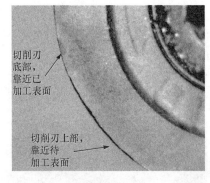

切削刃底部，靠近已加工表面

切削刃上部，靠近待加工表面

(a) 轻微磨损　　　　　　　　　　　　(b) 严重磨损

图 2-34　干式切削刀具前刀面磨损形貌

2. 后刀面磨损

H13 模具钢硬态铣削过程中的刀具后刀面磨损形貌如图 2-35 所示。切削过程中，刀具后刀面与切削过渡表面或已加工表面相接触，并产生挤压和摩擦，使刀具后刀面发生磨损。图 2-35(a)为刀具处于稳定磨损阶段的磨损形貌，在稳定磨损阶段，后刀面磨损是渐进式的，便于测量，所以一般以后刀面磨损量作为刀具的磨钝标准。图中切削刃上的涂层已被磨掉，露出基体材料，基体与涂层的边界处凸凹不平，且能明显看出基体材料相对于涂层凹下一部分。图 2-35(b)为刀具磨钝后的后刀面磨损形貌，磨损区域呈倒三角形，此时的磨损形貌是由涂层和基体材料大块剥离产生的，表明刀具磨钝已经变得十分不稳定。从图 2-35 还可以看出，在后刀面磨损带的中间区域，磨损带宽度最大，即磨损带宽度最大值 VB_{max} 出现在后刀面磨损带的中间。

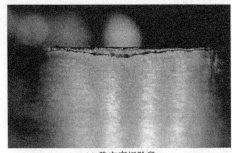 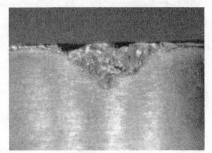

(a) 稳定磨损阶段　　　　　　　　　　(b) 达到磨钝标准的刀具

图 2-35　干式切削不同阶段后刀面磨损形貌

3. 边界磨损

如图 2-36 所示，当刀具参与切削的切削刃靠近已加工表面和未加工表面两边缘时，后刀面磨损明显大于附近参与切削的部分，这种磨损形式为边界磨损。由于刀具参与切削的区域受到的机械应力和热应力很大，而未参与切削的刀具前后刀面上应力为零，边界磨损区域处于切削刃上参与切削和未参与切削的边界处，因此应力梯度很大，较大的剪应力使刀具的磨损增大。另外，CMQL 技术的使用也会造成这一区域热应力梯度的加大，因此当后刀面平均磨损带宽度相同时，采用 CMQL 技术的刀具边界磨损要比干式切削的刀具边界磨损严重。

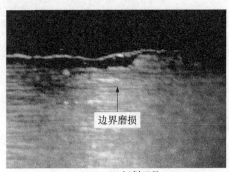

(a) 干式切削刀具　　　　　　　　　　　　　　　(b) CMQL切削刀具

图 2-36　不同冷却润滑方式下的边界磨损形貌

4. 微崩刃和剥落

用涂层刀具切削 H13 钢时，刀具在使用一段时间后出现微崩刃(图 2-37(a))和前刀面剥落(图 2-37(b))现象。与连续渐进式的磨损不同，微崩刃和前刀面剥落均是刀具在使用一段时间后突然发生的刀具破损现象，也是刀具的一种损坏形式。随着切削的进行，刀具前后刀面磨损、涂层脱落都会降低刀具切削刃的强度，断续切削对刀具产生机械冲击和热冲击，产生疲劳裂纹，刀具切削刃处由于强度较低，疲劳积累到一定程度就容易发生微崩刃。微崩刃发生后刀具切削条件进一步恶化，微崩刃裂纹会进一步向刀具的前刀面发展导致涂层和基体材料的大块剥落。由图 2-37(c)可以看出，刀具的前刀面剥落和微崩刃紧密联系到一起，在 H13 钢铣

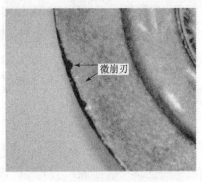
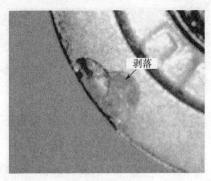

(a) 微崩刃　　　　　　　　　　　　　　　　　　(b) 前刀面剥落

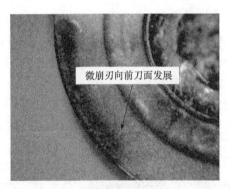

(c) 微崩刃扩展

图 2-37　干式切削刀具破损形貌

削实验中，并不是所有的微崩刃都会发展成为刀具的前刀面剥落，当其中某一个或两个微崩刃发展成为前刀面的大块剥落后，刀具失效。

2.5.2　刀具磨损和破损机理

为进一步了解 H13 模具钢硬态铣削时的涂层刀具磨损和破损行为，需要利用 SEM 和 EDS 技术探讨铣削 H13 淬硬模具钢时刀具磨损的机理。

1. 涂层破坏

切削时刀尖处的涂层在切削进行的很短时间内就被磨掉，由于涂层材料硬度很高，观察刀具磨损的 SEM 形貌(图 2-38)，并没有发现机械划痕。图 2-38 中，

图 2-38　干式切削刀具刃口磨损的 SEM 形貌

在切削刃靠近后刀面的部分可以看见涂层与刀具基体材料之间的开裂，并且涂层有脱离的痕迹。由于涂层与基体材料的热膨胀系数、弹性模量等物理性能存在差异，切削温度升高会使两者因变形尺寸不同而发生内应力变化，再加上涂层本身的缺陷，导致裂纹产生，刀具在切削过程中受到的机械应力也会导致涂层与基体材料的内应力发生变化，进而促进涂层的开裂磨损。涂层的破坏也可能来源于工件材料的黏结将涂层带走。图 2-39 为干式切削刀具后刀面磨损 SEM 形貌及能谱分析，此时后刀面磨损区域的涂层已经被磨掉。图 2-39 后刀面涂层区域(1 点)的能谱分析表明，涂层上黏附了 Fe、Cr 等元素，工件材料的黏附会降低涂层的硬度，涂层在应力作用下发生破裂而随黏附的工件材料一起脱离刀具表面。

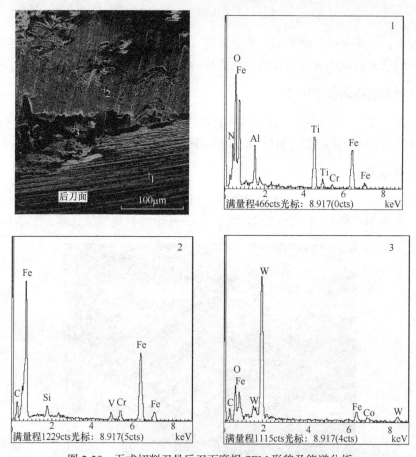

图 2-39　干式切削刀具后刀面磨损 SEM 形貌及能谱分析

2. 黏结磨损和机械磨损

机械磨损是工件材料中的硬质点对摩擦表面的刻划引起的刀具磨损。从图 2-39

可以看出，磨损区域出现了大量的机械划痕，由于硬质合金基体材料的硬度比涂层的低，硬质点在硬质合金基体上刻画出了划痕，划痕加剧了基体材料的破坏，当刀具上的工件材料黏结点在相对运动中被带走时，也会带走黏结点上被破坏的基体材料。图 2-39 中点 2 处的能谱分析显示该处存在 Fe、Cr、V 等工件材料元素，但没有出现硬质合金基体材料元素。这说明，后刀面磨损区域黏结了一层工件材料，而将硬质合金基体完全覆盖。黏结的工件材料在切削过程中由于挤压摩擦和硬质点刻划作用而发生塑性变形。材料塑性流动过程中在后刀面暴露的基体上产生堆积，堆积点处受到的高温、高压更加剧烈，产生塑性强化而在相对运动中被撕裂带走，堆积点撕裂时会带走一部分刀具材料。由图 2-39 可以明显看到材料的堆积和撕裂区域。这些被带走的硬质颗粒或者形成硬质点对摩擦表面进行刻画，或者离开摩擦表面。图 2-39 中的点 3 处于后刀面磨损带和未磨损表面的交界处，能谱分析显示点 3 处有 W、Co 等硬质合金基体元素和工件材料中的 Fe 元素。在磨损带边缘涂层破坏后工件材料还来不及大量黏结，仅有少量的 Fe 元素转移到暴露的硬质合金基体上。

图 2-40 对刀具前刀面磨损最严重的区域进行了能谱分析。刀具前刀面未磨损区域呈现较暗的二次电子形貌，表面均匀平整；而磨损区域的图像较亮，且形貌凸凹不平。未磨损区域的点 3 含有涂层元素(Ti、Al)，并含有少量的 Fe 元素。在磨损相对较轻区域的点 2 观测到 Ti 元素，说明还保留着一定厚度的涂层；而在磨损相对严重区域的点 1 含有大量的工件材料元素，却没有涂层元素，也没有刀具基体元素。若是扩散磨损发生，点 1 处的材料成分至少应该有涂层或刀具基体材料中的元素，说明此处的工件材料是由黏结磨损导致的。前刀面的黏结如果进一步发展会形成月牙注磨损，但在使用该种刀具切削 H13 钢时，在月牙注磨损出现之前，刀具或者由于后刀面磨损，或者由于前刀面剥落而失效。

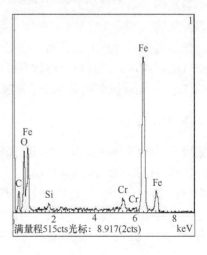

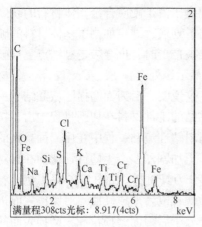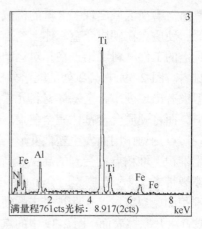

图 2-40　干式切削刀具前刀面磨损 SEM 形貌及能谱分析

3. 氧化磨损和扩散磨损

从图 2-39 中点 1 和图 2-40 中点 3 的能谱分析均发现，该区域除了含有涂层元素外还含有工件材料中的 Fe 元素，无论是从光学显微镜还是 SEM 二次电子像形貌来看，都没有发现明显的刀具磨损痕迹，但这两点分别在刀具后刀面和前刀面均靠近磨损区域位置。从材料转移的角度看，这两点都参与了切削，即在切削过程中，点 1 与已加工表面接触，点 3 与前刀面上的切屑接触。由于此处在刀具切削部分的边缘，切削压力不够高，没有发生黏结磨损，刀具与工件材料的新生表面相接触，新生表面从高温区域运动到此部分时还是具有相当高的温度，随着切削长度的增长，长时间接触就会发生元素的扩散，工件材料的 Fe、Cr 元素会扩散到刀具表面，扩散磨损会引起刀具的硬度下降，加速刀具的磨损。但在切削 H13 钢时扩散磨损不是刀具的主要失效形式，切削区的高温高压使刀具涂层破坏和黏结磨损发展剧烈，所以成为主要的磨损形式。另外，从图 2-39 中点 1 和图 2-40 中点 1、点 2 的能谱分析可以看出，这三个点处都存在氧元素，说明在切削区边界处，空气能够渗入，刀具与工件材料可以在较高温度下发生氧化。有研究表明刀具中的 Ti、Al 元素被氧化成 TiO_2、Al_2O_3，工件材料中的 Fe 被氧化成 FeO。

4. 热/机械疲劳

涂层刀具铣削 H13 钢时，在刀具磨损的最后阶段总会出现以前刀面大块剥落为特征的脆性破损现象(图 2-41(a))。刀具在切削初期有可能因为自身的缺陷而发生破损导致刀具无法继续使用；但当刀具在初期未发生破损现象，并在稳定磨损阶段达到一定切削长度后，刀具本身的缺陷就可以排除，引起刀具脆性破损的原因极有可能是刀具的疲劳裂纹扩展导致的疲劳破坏。

引起刀具疲劳的原因有刀具受到的机械应力引起的机械疲劳和热应力引起的热疲劳。由图 2-41(b)可以看出，引起刀具剥落既有垂直于切削刃的热疲劳裂纹也有平行于切削刃的机械疲劳裂纹。铣削 H13 淬硬模具钢时，由于工件材料硬度高、强度大，产生的切削力很大，切削温度高，特别是刀具磨损以后，刀具切削区的应力和温度会变大、升高。断续切削时，铣刀受到机械周期性变化载荷和热冲击作用。断续切削引起的刀具温度变化会使刀具发生周期性的热胀冷缩，在刀具表面引起拉压交替应力，导致热疲劳裂纹；机械冲击带来的交变载荷循环也会引起机械疲劳裂纹。热疲劳裂纹和机械疲劳裂纹会向刀具的前刀面和基体方向扩展，当载荷的循环次数达到刀具的疲劳寿命极限时，裂纹的快速扩展就会引起刀具的大块脱落。热疲劳和机械疲劳是导致刀具破损的主要原因。

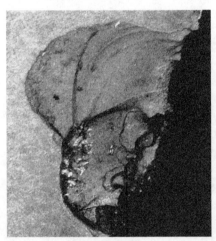 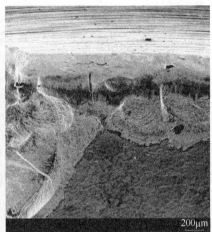

(a) 前刀面剥落　　　　　　　(b) 机械疲劳裂纹和热疲劳裂纹

图 2-41　干式切削刀具前刀面疲劳破坏

2.6　本 章 小 结

(1) 切削速度和每齿进给量是影响切屑形态转变的主要因素。高切削速度和大每齿进给量会导致锯齿状切屑的形成。薄片结构是锯齿状切屑的主要特征，而切屑背面则要平滑得多。

(2) 切削温度随着切削速度与刀具钝圆半径的增大而增大。切削工件表层温度低于相变温度，不会发生相变，但因刀具作用，发生晶粒细化，产生白层。切屑温度高于相变温度，材料发生相变。

(3) 切屑中切屑背面与绝热剪切带的白层分布规律存在明显的差异。研究表明，绝热剪切带内白层与晶粒变形、再结晶有关，切屑背面及过渡区域白层的形成与相变有关。

(4) 淬硬模具钢铣削过程中，刀具发生了前刀面磨损、后刀面磨损、边界磨损、崩刃和前刀面的大块剥落。刀具磨损的原因包括涂层破坏、黏结磨损、磨粒磨损、氧化磨损和扩散磨损；其中，刀具涂层破坏和黏结磨损最为严重，成为导致刀具磨损的主要原因。

第 3 章　硬态铣削三维表面形貌建模及加工表面缺陷分析

表面形貌是评价表面完整性的重要指标之一，对零件的磨损、疲劳、腐蚀等使用性能有着显著的影响。因此，研究模具钢硬态铣削三维表面形貌和加工表面缺陷，对于优化硬态铣削工艺和提高零件表面质量具有重要意义。

3.1　球头铣刀铣削平面时的运动模型

3.1.1　铣削运动变换坐标系统建立

切削过程中，工件表面是由刀具与工件的相对运动形成的，它不仅与切削方式和切削条件有关，还与刀具/工件的材料特性、机床动态性能等有关。为了准确地描述三维表面形貌的形成过程，建立如图 3-1 所示的 4 个坐标系。

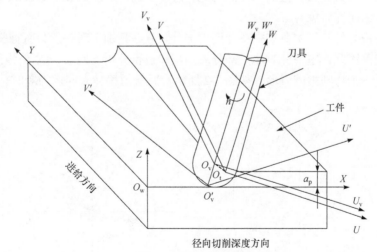

图 3-1　参考坐标系示意图

(1) 工件坐标系 O_w-XYZ：固定在工件上（XO_wY 平面平行于工件平面），Y 轴的正方向与进给方向相一致，X 轴的正方向与径向切削深度方向相一致。

(2) 机床主轴坐标系 O_t-UVW：随机床主轴一起沿进给方向做相对于工件的平移运动，刀具垂直于 XO_wY 平面时，机床主轴坐标系与工件坐标系的坐标轴方向一致，原点不同。

(3) 刀具坐标系 $O_v\text{-}U_vV_vW_v$：随刀具一起做平移运动和振动，不随刀具旋转，其中原点 O_v 设置在铣刀球头中心。刀具坐标系中的 U_v 轴、V_v 轴、W_v 轴始终分别平行于机床主轴坐标系的 U_v 轴、V_v 轴、W_v 轴。主轴没有振动时，刀具坐标系和机床主轴坐标系重合。

(4) 刀具旋转坐标系 $O_v'\text{-}U'V'W'$：随刀具做旋转运动，不随刀具做平移运动和振动。刀具旋转坐标系绕机床主轴旋转的角速度为 ω，原点 O_v' 设置在球头铣刀的刀尖处，U_v' 轴沿着第 1 切削刃(可选取任意 1 个切削刃为第 1 切削刃)在刀尖的切线方向，$U'O_v'V'$ 平面与 $U_vO_vV_v$ 平面平行。

当建立了上述坐标系之后，便可利用逆向运动学原理进行坐标系矩阵变换，以建立工件坐标系下的三维表面形貌模型。

3.1.2 刀具坐标系和刀具旋转坐标系下的切削刃方程

曲面加工过程中，为了保证刀具切削刃与工件表面轮廓在切削点相切，并避免切削刃与工件发生干涉，一般选择球头铣刀。球头铣刀的切削刃由侧刃部分和球形刃部分组成。常用球头铣刀的球形刃部分有平面刃和螺旋刃两种形式。平面刃型球头铣刀结构简单，易于设计和制造，但切屑排出比较困难；螺旋刃型球头铣刀的结构较为复杂，但切削性能稳定，应用更为广泛。因此，选择螺旋刃型球头铣刀作为研究对象。

球头铣刀的特征主要集中在球形刃部分，且在精加工时一般只有球头刃部分参与切削。因此，主要针对球头部分的切削刃进行分析。同时，为了便于分析，仅画出了一个切削刃的刃形，如图 3-2 所示。将铣刀旋转方向设为顺时针方向。

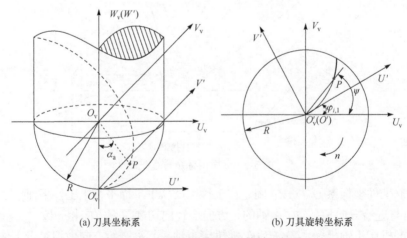

(a) 刀具坐标系　　　　　　　(b) 刀具旋转坐标系

图 3-2　刀具坐标系和刀具旋转坐标系

如图 3-2 所示，第 1 切削刃上任意点 P 在刀具旋转坐标系 O_v'-$U'V'W'$下的坐标为

$$\begin{cases} u' = R\sin\alpha_a \cos(\psi - \varphi_{i,1}) \\ v' = R\sin\alpha_a \sin(\psi - \varphi_{i,1}) \\ w' = R(1 - \cos\alpha_a) \end{cases} \tag{3-1}$$

式中，R 为球头铣刀半径(mm)；α_a 为点 P 与刀具坐标系原点的连线与 W_v 轴的夹角(°)；ψ 为点 P 与刀具坐标系原点的连线在平面 $U_vO_vW_v$ 内的投影与 U_v 轴的夹角(°)；$\varphi_{i,1}$ 为初始切入角，指刀具在第 i 次进给的开始位置，第 1 切削刃上 U_v 轴与 U_v' 轴之间的夹角(°)。将逆时针方向定义为正方向，则 $\varphi_{i,1}$ 的取值范围为 $-\pi/2 < \varphi_{i,1} < \pi/2$。

当螺旋角为 γ 时，可得

$$\psi - \varphi_{i,1} = \tan\gamma \ln\left(\cot\left(\frac{\alpha_a}{2}\right)\right) \tag{3-2}$$

将式(3-2)代入式(3-1)可求得刀具旋转坐标系中第 1 切削刃上任意点 P 的坐标为

$$\begin{cases} u' = R\sin\alpha_a \cos\left(\tan\gamma \ln\left(\frac{\alpha_a}{2}\right)\right) \\ v' = R\sin\alpha_a \sin\left(\tan\gamma \ln\left(\frac{\alpha_a}{2}\right)\right) \\ w' = R(1 - \cos\alpha_a) \end{cases} \tag{3-3}$$

第 i 次切削路径时，刀具第 j 切削刃的初始切入角可用式(3-4)表示：

$$\varphi_{i,j} = \varphi_{i,1} + \frac{2\pi(j-1)}{Z_n} \tag{3-4}$$

式中，Z_n 为刀具齿数。

将式(3-4)代入式(3-3)可得刀具旋转坐标系中切削刃上任意点 P 的坐标为

$$\begin{cases} u' = R\sin\alpha_a \cos\left(\tan\gamma \ln\left(\cot\left(\frac{\alpha_a}{2}\right)\right) - \frac{2\pi(j-1)}{Z_n}\right) \\ v' = R\sin\alpha_a \sin\left(\tan\gamma \ln\left(\cot\left(\frac{\alpha_a}{2}\right)\right) - \frac{2\pi(j-1)}{Z_n}\right) \\ w' = R(1 - \cos\alpha_a) \end{cases} \tag{3-5}$$

刀具位于第 i 次切削路径时，在 t 时刻刀具旋转坐标系 O_v'-$U'V'W'$相对于刀具坐标系 O_v-$U_vV_vW_v$ 转过的角度为

$$\theta_i = \varphi_{i,1} - \omega t \tag{3-6}$$

式中，ω 为刀具旋转角速度(rad/s)，且 $\omega = 2\pi n/60$，n 为主轴转速(r/min)；t 为从第 i 次切削路径开始到当前时刻所经历的时间(s)。

因此，在 t 时刻切削刃上任意点 P 由刀具旋转坐标系 $O_v'\text{-}U'V'W'$ 转换到刀具坐标系 $O_v\text{-}U_vV_vW_v$ 时的坐标转换矩阵 $T_{vv'}$ 为

$$T_{vv'} = \begin{bmatrix} \cos\theta_i & -\sin\theta_i & 0 & 0 \\ \sin\theta_i & \cos\theta_i & 0 & 0 \\ 0 & 0 & 1 & -R \\ 0 & 0 & 0 & 1 \end{bmatrix} \tag{3-7}$$

切削过程中，刀具在做插补运动(运动轨迹为直线或曲线)的同时绕自身轴线做旋转运动。因此，运动中的切削刃上任意点 P 在刀具坐标系 $O_v\text{-}U_vV_vW_v$ 下的坐标 (u_v, v_v, w_v) 为

$$\begin{bmatrix} u_v \\ v_v \\ w_v \\ 1 \end{bmatrix} = T_{vv'} \begin{bmatrix} u' \\ v' \\ w' \\ 1 \end{bmatrix} \tag{3-8}$$

3.1.3 机床主轴坐标系下的切削刃方程

由于机床的制造误差、刀具和工件的安装误差以及振动等因素，刀具相对于工件的理想位置产生一定的偏差，从而导致刀具坐标系 $O_v\text{-}U_vV_vW_v$ 与机床主轴坐标系 $O_t\text{-}UVW$ 不重合，产生主轴运动误差，进而影响工件的尺寸精度和几何精度。假设主轴回转偏心量为 Δd_1，轴向跳动量为 Δd_2，则刀具中心 O_v 在机床主轴坐标系下的坐标可近似用式(3-9)表示：

$$\begin{cases} u_o = \Delta d_1 \cos(\Delta \alpha_1 - \omega t) \\ v_o = \Delta d_1 \sin(\Delta \alpha_1 - \omega t) \\ w_o = \Delta d_2 \sin(\Delta \alpha_2 - \omega t) \end{cases} \tag{3-9}$$

式中，$\Delta \alpha_1$ 为主轴回转偏心的初始相位角(°)；$\Delta \alpha_2$ 为轴向跳动的初始相位角(°)。

在 t 时刻，切削刃上任意点 P 由刀具坐标系 $O_v\text{-}U_vV_vW_v$ 转换到机床主轴坐标系 $O_t\text{-}UVW$ 时的坐标转换矩阵为

$$T_{Tv} = \begin{bmatrix} 1 & 0 & 0 & \Delta d_1 \cos(\Delta \alpha_1 - \omega t) \\ 0 & 1 & 0 & \Delta d_1 \sin(\Delta \alpha_1 - \omega t) \\ 0 & 0 & 1 & \Delta d_2 \sin(\Delta \alpha_2 - \omega t) \\ 0 & 0 & 0 & 1 \end{bmatrix} \tag{3-10}$$

因此，运动中的切削刃上任意点 P 在机床主轴坐标系 $O_t\text{-}UVW$ 下的坐标 (u, v, w) 为

$$\begin{bmatrix} u \\ v \\ w \\ 1 \end{bmatrix} = T_{\mathrm{Tv}} \begin{bmatrix} u_{\mathrm{v}} \\ v_{\mathrm{v}} \\ w_{\mathrm{v}} \\ 1 \end{bmatrix} \tag{3-11}$$

3.1.4　机床主轴坐标系原点在工件坐标系下的坐标

根据铣刀旋转方向与工件进给方向之间的关系，可以将铣削分为顺铣和逆铣。当铣刀旋转方向和工件进给方向相同时称为顺铣；反之，则称为逆铣。与逆铣相比，顺铣过程的功率消耗较小，且顺铣有利于排屑。为了保证被加工工件的尺寸精度、几何精度和表面粗糙度，一般应尽量采用顺铣加工法。图 3-3 为顺铣加工法示意图，铣刀完成一次铣削加工后，空行程返回，再进行第二次铣削加工。

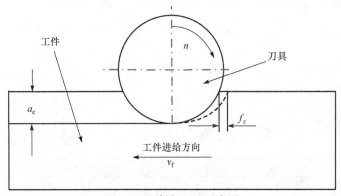

图 3-3　顺铣加工法示意图

机床主轴坐标系原点在工件坐标系下的坐标 $(x_{\mathrm{OT}}, y_{\mathrm{OT}}, z_{\mathrm{OT}})$ 可表示为

$$\begin{cases} x_{\mathrm{OT}} = x_0 + (i-1)a_{\mathrm{e}} \\ y_{\mathrm{OT}} = y_0 + v_{\mathrm{f}} t \\ z_{\mathrm{OT}} = z_0 \end{cases} \tag{3-12}$$

式中，a_{e} 为径向切削深度；i 为第 i 次切削路径 $(i=1, 2, \cdots)$；$v_{\mathrm{f}}=nZ_n f_z$ 为进给速度 (mm/min)，即刀具相对于工件在单位时间内的位移量，n 为机床主轴转速 (r/min)，f_z 为每齿进给量 (mm)，Z_n 为刀具齿数；(x_0, y_0, z_0) 为刀具第一次进给时，机床主轴坐标系原点在工件坐标系中的坐标。

3.1.5　机床主轴坐标系到工件坐标系的转换矩阵求解

球头铣刀加工过程中，刀具轴线与工件表面法线方向之间的夹角（也称加工倾角）对于工件表面质量和加工精度尤为重要，刀具的倾斜方向和角度大小决定着刀

具寿命。切削过程中若前倾角为零，则在球头铣刀刀尖处的切削速度几乎为零，即刀尖不是去除材料而仅仅是划擦工件表面，此时刀具的有效容屑空间较小，从而使加工表面质量变差，加工表面纹理不均匀，导致球头铣刀刀尖在较短的时间内快速磨损，从而缩短刀具寿命。因此，在实际加工中，常使刀具轴线相对于工件表面法线方向倾斜一定角度，以避免刀尖处的快速磨损。同时，为了避免刀具与工件表面发生干涉，也需要调整刀具轴线角度。

研究分析中，一般把球头铣刀的加工倾角沿着刀具的进给方向和径向切削深度方向进行分解(图 3-4)。刀具沿进给方向的倾角称为前倾角，用 β_f 表示，并以工件的法线为基准，沿顺时针方向的倾角为正的前倾角 $+\beta_f$，沿逆时针方向的倾角为负的前倾角 $-\beta_f$。刀具沿径向切削深度方向的倾角称为侧倾角，用 β_n 表示，也以工件的法线为基准，分为正的侧倾角 $+\beta_n$ 和负的侧倾角 $-\beta_n$。前倾角和侧倾角完全决定了刀具的空间位姿。从前述定义可以看出，前倾角可以避免刀尖处的切削速度为零和刀具快速磨损，而侧倾角则可以解决刀具干涉问题。

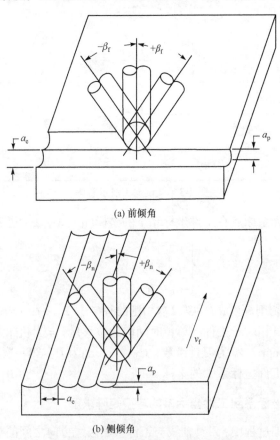

(a) 前倾角

(b) 侧倾角

图 3-4　前倾角和侧倾角定义示意图

当刀具轴线发生倾斜，即有前倾角 β_f 和侧倾角 β_n 时，切削刃方程由机床主轴坐标系 $O_t\text{-}UVW$ 转换至工件坐标系 $O_w\text{-}XYZ$ 时需进行两次坐标旋转转换(图 3-5)：①机床主轴坐标系绕工件坐标系中的 X 轴旋转角度 β_f；②旋转变换后的机床主轴坐标系再绕工件坐标系中的 Y 轴旋转角度 β_n。

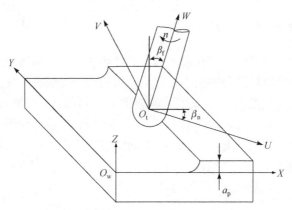

图 3-5　机床主轴坐标系和工件坐标系

设绕 X 轴和 Y 轴的旋转转换矩阵分别为 T_1 和 T_2，则 T_1、T_2 的表达式如式(3-13)所示：

$$T_1 = \begin{bmatrix} 1 & 0 & 0 \\ 0 & \cos\beta_f & -\sin\beta_f \\ 0 & \sin\beta_f & \cos\beta_f \end{bmatrix}, \quad T_2 = \begin{bmatrix} \cos\beta_n & 0 & \sin\beta_n \\ 0 & 1 & 0 \\ -\sin\beta_n & 0 & \cos\beta_n \end{bmatrix} \tag{3-13}$$

机床主轴坐标系转换至工件坐标系的旋转变换矩阵为

$$T_{12} = T_1 T_2 = \begin{bmatrix} \cos\beta_n & 0 & \sin\beta_n \\ \sin\beta_f\sin\beta_n & \cos\beta_f & -\sin\beta_f\cos\beta_n \\ -\cos\beta_f\sin\beta_n & \sin\beta_f & \cos\beta_f\cos\beta_n \end{bmatrix} \tag{3-14}$$

因此，刃线方程由机床主轴坐标系转换至工件坐标系的转换矩阵为

$$T = \begin{bmatrix} \cos\beta_n & 0 & \sin\beta_n & x_0 + (i-1)a_e \\ \sin\beta_f\sin\beta_n & \cos\beta_f & -\sin\beta_f\cos\beta_n & y_0 + v_f t \\ -\cos\beta_f\sin\beta_n & \sin\beta_f & \cos\beta_f\cos\beta_n & z_0 \\ 0 & 0 & 0 & 1 \end{bmatrix} \tag{3-15}$$

根据已求得的切削刃上任意点 P 在刀具坐标系 $O_v\text{-}U_vV_vW_v$ 下的坐标值和刀具坐标系到工件坐标系的转换矩阵 T，可得切削过程中工件坐标系下切削刃点的一般表达式为

$$\begin{bmatrix} x \\ y \\ z \\ 1 \end{bmatrix} = T \begin{bmatrix} u \\ v \\ w \\ 1 \end{bmatrix}$$

(3-16)

3.1.6　刀具相对于工件的运动轨迹

　　铣削过程中，刀具同时存在着平移运动和旋转运动，两者的合成运动导致切削刃的运动轨迹为次摆线。如图 3-6 所示，球头铣刀切削刃上任意点 P 在 XY 平面内的运动轨迹为次摆线。切削刃上参与切削的所有点的运动轨迹与工件模型相交即表面形貌。在加工过程中，两个切削刃依次旋转切削，使进给方向的表面材料不断地被去除。若第 i 次进给时，第 1 切削刃先去除材料，则随后第 2 切削刃去除第 1 切削刃留下的残留材料。第 $i+1$ 次进给时，两个切削刃将继续切除未加工表面材料与第 i 次进给加工残留材料。

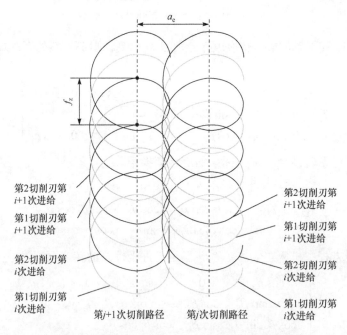

图 3-6　球头铣刀切削刃上 P 点轨迹曲线示意图

　　当刀具参数及切削参数分别为 $R=5\mathrm{mm}$、$\gamma=30°$、$\beta_{\mathrm{f}}=0°$、$\beta_{\mathrm{n}}=0°$、$f_{\mathrm{z}}=0.18\mathrm{mm}$、$v_{\mathrm{c}}=15\mathrm{m/min}$、$a_{\mathrm{e}}=0.5\mathrm{mm}$、$a_{\mathrm{p}}=0.2\mathrm{mm}$ 时，球头铣刀切削刃上的选定点($\alpha_{\mathrm{a}}=\arcsin(1/5)$)相对于工件的运动轨迹曲线如图 3-7 所示。

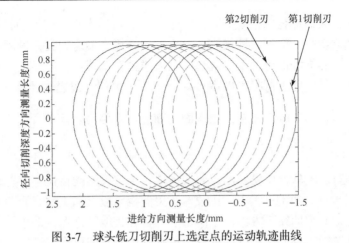

图 3-7　球头铣刀切削刃上选定点的运动轨迹曲线

3.2　球头铣削三维表面形貌建模

3.2.1　工件模型的建立

工件采用三维空间网格模型，将工件的待加工表面划分为如图 3-8 所示的 $(m-1)×(n-1)$ 个矩阵网格($m×n$ 个网格点)。首先，给定每个网格点在 X、Y 轴上的坐标值，并初始化每个网格点在 Z 轴上的坐标值。然后，利用工件坐标系下切削刃的一般表达式，求解出铣削表面上每个网格点在 Z 轴上的坐标值。最后，将每个网格点在 Z 轴上的坐标值用三维图形表达出来，即可得到球头铣削表面的三维表面形貌。

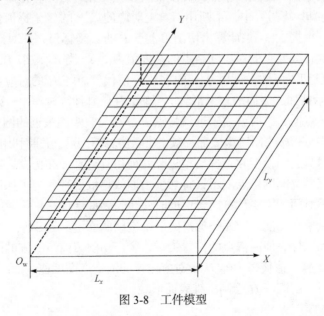

图 3-8　工件模型

在对工件表面进行网格划分时，增加 m 和 n 可增大矩阵网格的密度，仿真的精度也会随之提高。但如果网格密度太大，计算量会随之增大，进而影响计算效率。因此，m 和 n 的值可根据仿真精度的需求进行选择：精度要求高时可以增大 m 和 n 的值；精度要求低时可以适当减小 m 和 n 的值，以提高计算效率。

3.2.2 三维表面形貌的形成及三维表面轮廓的算术平均偏差

1. 三维表面形貌建模

在 MATLAB 软件中将切削刃曲线离散，工件表面网格化，设置合适的加工参数与时间步长，加工过程中，比较球头刃曲线离散点和工件表面网格点的位置关系，选取球头刃曲线下方第一个网格点，舍弃其他网格点，采集每个网格点上的 Z 坐标值，在 MATLAB 软件中采用三维图形函数即可将三维表面形貌表达出来。总之，最终的三维表面形貌是由若干次连续切削进给共同扫掠之后由工件表面各点的残余高度形成的(图 3-9)。

(1) 将工件沿进给方向(Y 方向)上的长度 L_y 和径向切削深度方向(X 方向)上的长度 L_x 分别划分为(m−1)等份和(n−1)等份，每等份的间距分别为 d_y、d_x，这样就将工件待加工表面划分成 $m×n$ 个格子。在这 $m×n$ 个网格点上用矩阵 $H(i, j)$(i=1, 2, ⋯, m；j=1, 2, ⋯, n)储存工件表面 $m×n$ 个网格点的高度(网格点的 Z 坐标)。在切削开始之前，将该矩阵的初始值设为轴向切削深度 a_p。

(2) 加工判定：当刀具切入工件时，用切削刃对应点的 Z 坐标值代替工件矩阵对应点的初始值，对应网格点的高度值将发生变化，否则，矩阵 H 不做改变。

(3) 在仿真计算过程中，不断用刀具上对应的点 P 的 Z 坐标值代替工件矩阵对应点的值。根据式(3-16)计算出切削刃上点 P 的 Z 坐标值，并对比点 P 的 Z 坐标值与前一次切削保存的对应网格点的高度值 $H(i, j)$。当 $Z_{i,j}<H(i, j)$ 成立时表示切削刃上点 P 已切入工件，再用点 P 的 Z 坐标值代替矩阵 H 的对应项，最后的矩阵 H 即可表示被加工表面的三维形貌。当然，在仿真计算过程中，刃点 P 不一定恰好落在格子点上，这时就需要近似将点 P 靠在与它距离最近的网格点上。

(4) 根据矩阵 H 绘制三维表面形貌。建立仿真模型后，需要利用 MATLAB 软件对建立的刀具运动模型和工件模型进行几何仿真运算。在仿真运算的过程中，工件表面用三维空间网格点表示，将切削刃曲线离散处理。为了保证精度，同时节省系统计算时间，需要计算出合适的时间步长，即保证在单位时间步长内，只有一个网格点落在切削刃微元扫掠过的一个空间曲面里。在切削任意时刻 t，比较切削刃曲线和工件表面网格点的位置关系，舍弃切削刃曲线上方的网格点，用下方网格点的 Z 坐标值代替矩阵 H 中对应位置的网格点高度值，如图 3-10 所示。切削完成之后，由矩阵 H 绘制三维表面形貌。

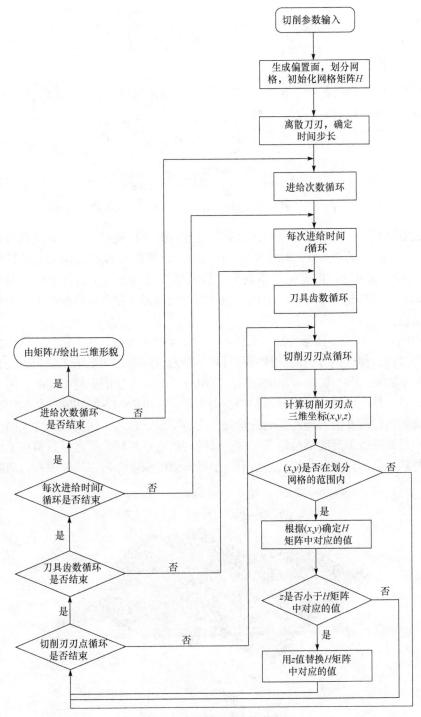

图 3-9　三维表面形貌仿真流程

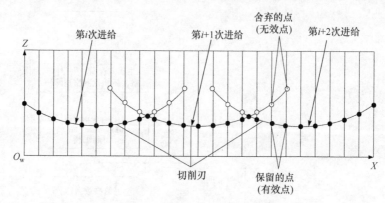

图 3-10　构建表面形貌的有效点与无效点示意图

在铣削过程中，球头铣刀一方面沿进给方向做平移运动，一方面绕自身轴线做旋转运动。由于球头铣刀球头部分的球面形状，所以在连续的两个每齿进给量周期内将形成进给方向上的残留高度。假设球头铣刀相对于工件表面只做平移运动而不做旋转运动，则在两个相邻的切削行间将形成径向切削深度方向上的残留高度。

由图 3-11 可见，在球头铣刀沿进给方向运动的过程中，两个切削刃依次扫掠过工件表面，使进给方向的工件表面材料不断地被切除。如果第 1 切削刃先于第 2 切削刃切削，第 1 切削刃切削过后的残留材料由第 2 切削刃继续切削，两个切削刃扫过工件表面后留下的残留材料，则由下一次进给时继续切除。径向切削深度方向的残留高度由两次连续的进给扫掠之后形成。总之，切削后工件表面上任意一点最终的残留高度都是由若干次连续的切削进给共同扫掠之后残留在工件表面的材料形成的。在每次切削进给后，沿径向切削深度方向刀具轴线左右两侧的

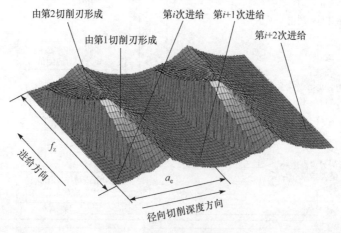

图 3-11　仿真三维表面形貌

表面形貌并不对称。这是因为两侧切削方式不对称：在轴线左侧切削时相当于逆铣，刀具被拉向工件材料；在轴线右侧切削时相当于顺铣。因此，导致加工后的表面形貌并不对称。

2. 提取三维表面轮廓的算术平均偏差

表面形貌主要是由加工残留物构成的，并且球头铣刀所形成的加工表面呈现各向异性。因此，采用三维表面轮廓的算术平均偏差 S_{ba} 来评定铣削表面的残留高度。通过前述计算，可以从 $m×n$ 的工件矩阵提取所对应网格点处的残留高度。

$$S_{ba} = \frac{1}{mn}\sum_{c=1}^{m}\sum_{g=1}^{n}\left|h_{cg}\right| \tag{3-17}$$

式中，h_{cg} 为各网格点处的残留高度相对于基准面高度的偏差。

3.3　球头铣刀三维表面形貌分析

结合三维表面形貌的仿真结果和实验结果，分析初始切入角、回转偏心量、前倾角、径向切削深度和每齿进给量等几何因素及刀具磨损对表面形貌的影响。

3.3.1　方案设计

1. 实验设计

前倾角 β_f 和侧倾角 β_n 的功用是不同的，前者主要用于改善刀尖点处的切削状态，而后者则主要是为了解决刀具干涉问题。提高加工表面质量和刀具使用寿命，是决定表面形貌的重要因素，因此，从分析三维表面形貌的角度出发，可以仅仅考虑前倾角 β_f 的影响(侧倾角 β_n 设定为 0°)。

实验分析由三部分组成(表 3-1)：第一部分(1～16 组)为四因素(切削速度 v_c、每齿进给量 f_z、径向切削深度 a_e、轴向切削深度 a_p)四水平正交实验，不考虑前倾角 β_f 的影响，即将前倾角 β_f 设为 0°；第二部分(17～32 组)为五因素(前倾角 β_f、切削速度 v_c、每齿进给量 f_z、径向切削深度 a_e、轴向切削深度 a_p)四水平正交实验；第三部分(33～38 组)则是有关前倾角 β_f 的单因素实验。

表 3-1　切削参数及实验测量结果

实验序号	$\beta_f/(°)$	$v_c/(m/min)$	f_z/mm	a_e/mm	a_p/mm	$S_{ba}/\mu m$
1	0	214	0.08	0.2	0.2	0.70
2	0	251	0.13	0.3	0.3	1.09
3	0	288	0.18	0.4	0.4	2.41
4	0	325	0.23	0.5	0.5	4.43

实验序号	$\beta_f/(°)$	$v_c/(m/min)$	f_z/mm	a_e/mm	a_p/mm	$S_{ba}/\mu m$
5	0	325	0.13	0.2	0.4	1.20
6	0	288	0.08	0.3	0.5	1.25
7	0	251	0.23	0.4	0.2	3.46
8	0	214	0.18	0.5	0.3	3.91
9	0	251	0.18	0.2	0.5	1.16
10	0	214	0.23	0.3	0.4	1.68
11	0	325	0.08	0.4	0.3	3.47
12	0	288	0.13	0.5	0.2	3.15
13	0	288	0.23	0.2	0.3	1.79
14	0	325	0.18	0.3	0.2	2.49
15	0	214	0.13	0.4	0.5	2.85
16	0	251	0.08	0.5	0.4	3.88
17	3	214	0.08	0.2	0.2	0.65
18	3	251	0.13	0.3	0.3	1.05
19	3	288	0.18	0.4	0.4	1.47
20	3	325	0.23	0.5	0.5	2.37
21	6	325	0.13	0.2	0.4	0.80
22	6	288	0.08	0.3	0.5	1.07
23	6	251	0.23	0.4	0.2	1.93
24	6	214	0.18	0.5	0.3	1.98
25	9	251	0.18	0.2	0.5	0.63
26	9	214	0.23	0.3	0.4	1.01
27	9	325	0.08	0.4	0.3	1.63
28	9	288	0.13	0.5	0.2	2.27
29	12	288	0.23	0.2	0.3	1.01
30	12	325	0.18	0.3	0.2	0.96
31	12	214	0.13	0.4	0.5	1.56
32	12	251	0.08	0.5	0.4	2.24
33	5	214	0.23	0.3	0.4	1.23
34	10	214	0.23	0.3	0.4	1.32
35	15	214	0.23	0.3	0.4	0.95
36	20	214	0.23	0.3	0.4	1.09
37	25	214	0.23	0.3	0.4	0.96
38	30	214	0.23	0.3	0.4	1.14

2. 实验条件

切削刀具选择整体式硬质合金球头立铣刀(JH970100-TRIBON，瑞典，SECO 公司)。刀具外形及参数如图 3-12 和表 3-2 所示。

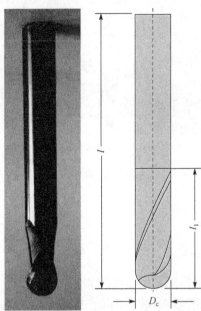

图 3-12　整体式硬质合金球头立铣刀 JH970100-TRIBON

表 3-2　刀具参数

参数	刀具直径 D_c /mm	刀具螺旋角 β /(°)	刀具齿数 Z_n	刀具长度 l /mm	切削刃长度 l_1 /mm
数值	10	30	2	80	15

铣削实验在五轴立式加工中心(DMU-70V，德国，DMG 公司)上进行，该机床的主轴最大转速为 18000 r/min，最大进给速度为 12000mm/min。铣削实验均采用顺铣方式，且不使用任何切削液。

主轴是机床核心部件之一，主轴的回转精度直接影响零件的加工精度。刀具在刀柄中夹紧不牢固、刀柄轴线和机床主轴轴线不重合等，会导致刀具旋转过程中存在回转偏心误差。刀具回转偏心影响零件的加工质量，甚至造成零件报废，严重时可能导致工艺系统的破坏[94]。随着精确的刀具夹持装置(如热缩刀柄)的发展，刀具的运动误差虽然得到了有效的控制，但刀具回转偏心误差仍在所难免。因此，需要采用位移传感器(LK-G150H，日本，基恩士公司)测量主轴回转偏心量(图 3-13)，并分析其对三维表面形貌的影响。

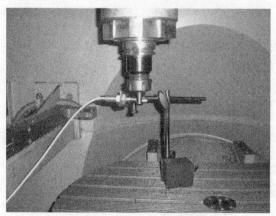

图 3-13　回转偏心量测量

　　铣削实验完成后，将工件放在酒精溶液中进行超声清洗 15min，清洗后利用压缩空气将工件吹干。

3.3.2　三维表面形貌分析

　　1. 回转偏心量测量结果

　　不同刀具转速下的刀具回转偏心曲线如图 3-14 所示。由图可知，曲线近似服从正弦(或余弦)分布，相邻波峰(波谷)间的时间间隔为主轴旋转一周所用的时间，

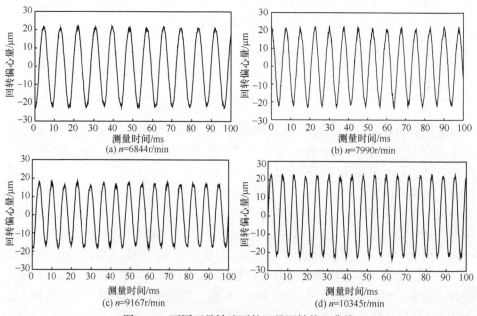

图 3-14　不同刀具转速下的刀具回转偏心曲线

即偏心周期为 $2\pi/\omega$。由图可知，不同转速下的回转偏心量振幅基本相同，回转偏心量 $\Delta d_1 \approx 20\mu m$。

2. 三维表面形貌测量结果

借助光学轮廓仪(Wyko NT9300，美国，Veeco 公司)对工件表面形貌进行测量，并利用高斯滤波功能对原始测量表面形貌进行处理(式(3-18))。基于滤波处理(通低频、阻高频)后的表面残留高度，利用式(3-17)计算三维表面轮廓的算术平均偏差 S_{ba}，并将结果添加到表 3-1 中。图 3-15 为第 10 组实验条件下得到的原始三维表面形貌和滤波处理后的三维表面形貌。

$$h(x,y) = \frac{1}{\alpha^2 \lambda_{cx} \lambda_{cy}} \exp\left(-\pi\left(\frac{x}{\alpha\lambda_{cx}}\right)^2 - \pi\left(\frac{x}{\alpha\lambda_{cy}}\right)^2\right) \tag{3-18}$$

式中，$h(x, y)$ 为高斯滤波权函数；α 为常量；λ_{cx}、λ_{cy} 分别为被测表面形貌在 x、y 方向上的截止波长，一般将零件表面形貌视为各向同性，则可取 $\lambda_{cx}=\lambda_{cy}$。

(a) 原始三维表面形貌　　　　　　　　　　(b) 滤波处理后的三维表面形貌

图 3-15　三维表面形貌(第 10 组实验)

3. 表面形貌仿真模型实验验证

图 3-16～图 3-19 为表 3-1 中第 4、10、19、24 组切削条件下的仿真三维表面形貌和实测三维表面形貌。以图 3-16 为例，仿真和实测结果均显示，沿进给方向有 8 个残留物，沿径向切削深度方向有 4 个残留物，且两个图形残留物的分布位置基本相同。所以，沿进给方向和径向切削深度方向，仿真和实测的三维表面形貌的残留物分布数量和规律基本相同，仿真模型对三维表面形貌中的形状误差成分起到了较为准确的预测作用。

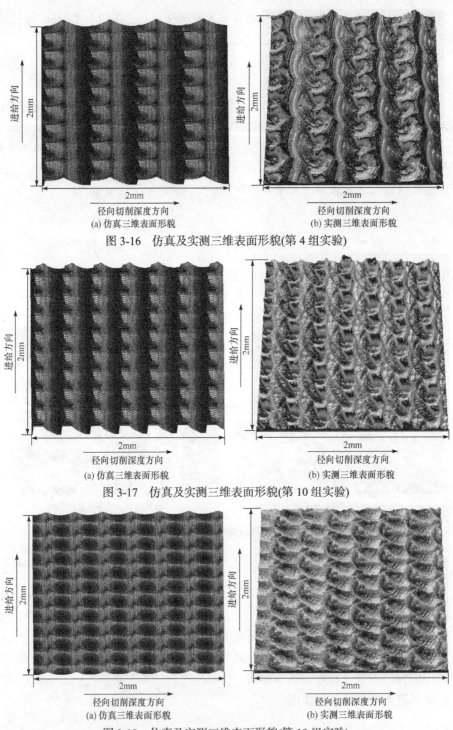

(a) 仿真三维表面形貌　　　　　　　　　　　(b) 实测三维表面形貌

图 3-16　仿真及实测三维表面形貌(第 4 组实验)

(a) 仿真三维表面形貌　　　　　　　　　　　(b) 实测三维表面形貌

图 3-17　仿真及实测三维表面形貌(第 10 组实验)

(a) 仿真三维表面形貌　　　　　　　　　　　(b) 实测三维表面形貌

图 3-18　仿真及实测三维表面形貌(第 19 组实验)

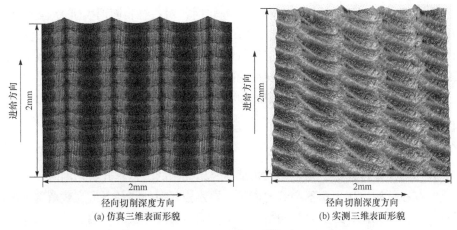

(a) 仿真三维表面形貌   (b) 实测三维表面形貌

图 3-19 仿真及实测三维表面形貌(第 24 组实验)

图 3-20 为三维表面轮廓的算术平均偏差 S_{ba} 的仿真值和实测值。从图中可以看出，在第 1~16 组实验中，S_{ba} 的值较大。这是由于前倾角 $\beta_f=0°$，刀尖处切削速度为 0，球头铣刀的刀尖处无法形成有效切削状态，从而致使工件表面质量变差。此时，仿真值和实测值差距较大，仿真模型对 S_{ba} 的预测精度较低。在第 17~32 组实验中，除前倾角 $\beta_f>0°$ 外，其余切削参数均与第 1~16 组实验相同，仿真值和实测值吻合度较高。在球头铣刀铣削加工中，为提高加工质量，前倾角 $\beta_f=0°$ 的情况极少出现，一般使刀具轴线相对于工件表面法线方向倾斜一定角度。当前倾角 $\beta_f\neq0°$ 时，仿真模型能够较为精确地预测形状误差成分中的评定参数 S_{ba}，对实际生产加工具有指导意义。

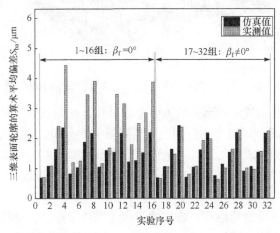

图 3-20 三维表面轮廓的算术平均偏差 S_{ba} 的仿真值和实测值

对比仿真结果和实测结果可知，仿真模型对加工后工件表面残留物的大小及分布起到了较好的预测效果，当前倾角 $\beta_f \neq 0°$ 时，对三维表面形貌(形状误差成分)的评定参数 S_{ba} 也起到了良好的预测作用。仿真值与实测值存在一定偏差，这是因为仿真模型没有考虑切削过程中工件材料的塑性流动、切削力引起的振动、工件安装误差、刀具磨损等因素对表面形貌的影响。总体来讲，仿真模型较准确地预测了球头铣刀加工三维表面形貌中的形状误差成分。

4. 不同因素对三维表面形貌的影响

1) 初始切入角

在切削加工过程中，初始切入角是不容易控制的。刀具开始切削时，相邻进给之间存在着初始切入角不一致的情况，导致相邻切削路径上最大残留部分的位置不统一。因此，有必要研究初始切入角对三维表面形貌的影响。

图 3-21 和图 3-22 分别为初始切入角 $\varphi_{i,1}$ 分别为 0°、20°、40°、60°、80°时的三维表面形貌及其对应的三维表面轮廓的算术平均偏差 S_{ba} 的变化趋势图。

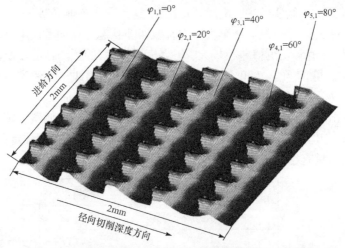

图 3-21　不同初始切入角下的三维表面形貌(第 10 组实验)

分析这 5 次连续进给所形成的表面形貌可知，初始切入角对三维表面形貌算术平均偏差 S_{ba} 几乎不产生影响，但改变了残留物的分布位置。残留物分布位置的变化，能改变被加工表面的纹理，进而影响润滑和摩擦磨损性能。因此，选择合适的初始切入角可以控制表面纹理，甚至能够改善表面性能。

2) 回转偏心量

切削过程中不可避免地存在着主轴的运动误差和振动，这将导致刀具在切削过程中偏离预定轨迹。当回转偏心量为 20μm 时，第 1 切削刃和第 2 切削刃上的选定点(α_a=arcsin(1/5))相对工件的运动曲线如图 3-23 所示。与图 3-7 相比，由于考虑了刀具的回转偏心量，图 3-23 中的切削刃点轨迹在进给方向和径向切削深度方向略显不均匀。这将导致该切除掉的材料未切除，不该切除掉的材料反而被切除，从而引起被切削工件表面形貌的变化。

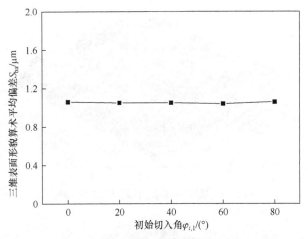

图 3-22　不同初始切入角下 S_{ba} 的变化趋势图

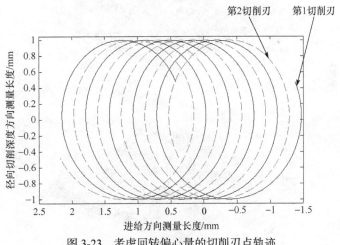

图 3-23　考虑回转偏心量的切削刃点轨迹

(β_f=0，f_z=0.18mm，v_c=215m/min，a_e=0.5mm，a_p=0.2mm)

图 3-24 为第 7 组切削条件下的实测三维表面形貌。图 3-25 为相同切削条件下的未考虑回转偏心量(Δd_1=0)和考虑回转偏心量(Δd_1=20μm)的三维表面形貌仿真结果。

对比图 3-24 和图 3-25 中的表面形貌可知，未考虑回转偏心量时，沿进给方向的残留物分布较均匀，相邻残留物的大小基本相同。考虑回转偏心量时，相邻残留物之间沿进给方向的距离不均匀，相邻残留物的大小不同，且相邻的两个峰和谷的高度差也不均匀。未考虑回转偏心量(Δd_1=0)和考虑回转偏心量(Δd_1=20 μm)

的三维表面轮廓的算术平均偏差 S_{ba} 分别为 $1.1\mu m$ 和 $1.0\mu m$。可见，回转偏心量对三维表面形貌的影响较小。

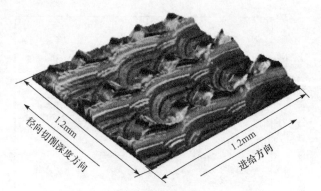

图 3-24　实测三维表面形貌(第 7 组实验)

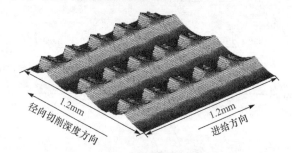

(a) 回转偏心量Δd_1=0

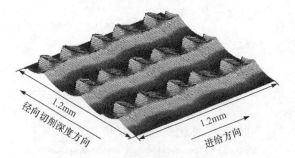

(b) 回转偏心量Δd_1=20μm

图 3-25　仿真三维表面形貌(第 7 组实验)

3) 前倾角

不同前倾角下的仿真三维表面形貌如图 3-26 所示。从图中可以看出，当 β_f=0° 时，残留高度较大，表面形貌不均匀；而当 β_f=5°、15°、30°时，残留高度明显降低，且表面形貌的均匀性得到提高。

径向切削深度方向的残留高度可以看作球头铣刀沿进给方向做平移运动形成

的，它不受前倾角的影响。而进给方向残留高度的形成则是由刀具平移运动和旋转运动共同决定的。为了进一步分析表面形貌，将进给方向残留高度 h_f 定义为：在加工表面矩阵区域中，沿进给方向各列数据极大值中的最大值减去各列数据极小值中的最大值。

$$h_f = \max\left\{\max\left(Z_{1j}\right), \cdots, \max\left(Z_{ij}\right)\right\} - \max\left\{\min\left(Z_{1j}\right), \cdots, \min\left(Z_{ij}\right)\right\} \quad (3\text{-}19)$$

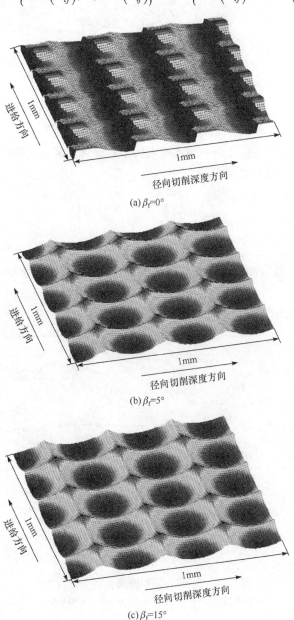

(a) $\beta_f = 0°$

(b) $\beta_f = 5°$

(c) $\beta_f = 15°$

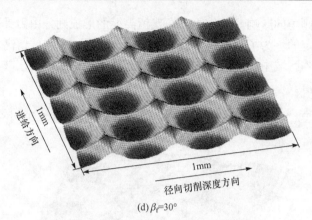

(d) $\beta_f=30°$

图 3-26　不同前倾角下的仿真三维表面形貌

(f_z=0.23mm，v_c=214m/min，a_e=0.3mm，a_p=0.4mm)

用 S_{bz} 表示形状误差成分中的三维表面十点高度。S_{bz} 为在取样区域内 5 个最高点的高度和 5 个最深点的深度的平均值，表示为

$$S_{bz} = \frac{1}{5}\left[\sum_{i=1}^{5}\left|Z_{pi}\right| + \sum_{i=1}^{5}\left|Z_{vi}\right|\right] \tag{3-20}$$

式中，Z_{pi} 和 $Z_{vi}(i=1,2,3,4,5)$分别为 5 个最高点的高度值和 5 个最深点的深度值。

图 3-27 为进给方向残留高度 h_f 和三维表面十点高度 S_{bz} 随前倾角 β_f 的变化趋势。可以看出，当 β_f 从 0°增大到 5°时，S_{bz} 由 6.6μm 减小至 5.2μm，进给方向的残留高度 h_f 由 6.4μm 迅速减小至 2.8μm；当 β_f 在 5°～30°变化时，不受前倾角影

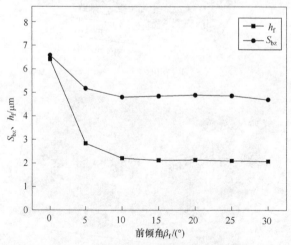

图 3-27　S_{bz} 和 h_f 随前倾角 β_f 的变化趋势

(f_z=0.23mm，v_c=214m/min，a_e=0.3mm，a_p=0.4 mm)

响的径向切削深度方向残留高度对表面形貌的影响较大，进给方向残留高度 h_f 随前倾角 β_f 的变化不大，当 β_f=15°时表面残留高度已非常小。

图 3-28 和图 3-29 分别为进给方向和径向切削深度方向的残留高度二维轮廓线。从图中可以看出，进给方向波峰与波峰之间很容易区分，两个波峰之间的距离相当于一个每齿进给量，并且沿进给方向的二维轮廓线周期性较明显。前倾角由 0°增加全 15°时，径向切削深度方向二维轮廓线高度变化不大，而进给方向二维轮廓线高度显著降低。

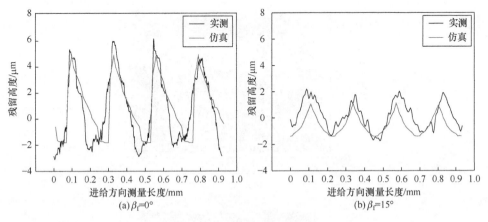

图 3-28　进给方向二维轮廓线

(f_z=0.23mm，v_c=214m/min，a_e=0.3mm，a_p=0.4mm)

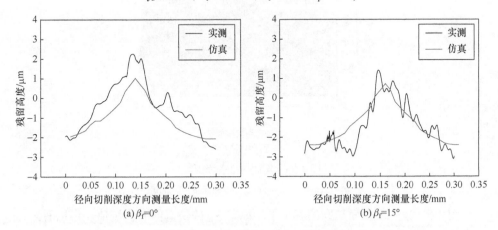

图 3-29　径向切削深度方向二维轮廓线

(f_z=0.23mm，v_c=214m/min，a_e=0.3mm，a_p=0.4mm)

由上述分析可知，径向切削深度恒定时，表面残留高度的变化主要是由进给方向残留高度引起的。随着前倾角的增大，进给方向残留高度不断降低，但当前倾角增加至某个值时，进给方向残留高度基本保持不变，从而使表面残留高度基本稳定。当前倾角为15°时，表面残留高度明显下降。

　　对比图 3-30 中的实测三维表面形貌和图 3-26 中的仿真三维表面形貌，再结合图 3-28 和图 3-29 中的二维轮廓线可以看出，在进给方向和径向切削深度方向上残留物分布规律基本相同，实测表面残留高度与仿真表面残留高度值较为接近。仿真模型能够较准确地预测铣削三维表面形貌，且刀具相对于工件表面法线方向倾斜一定角度后，表面形貌较均匀。

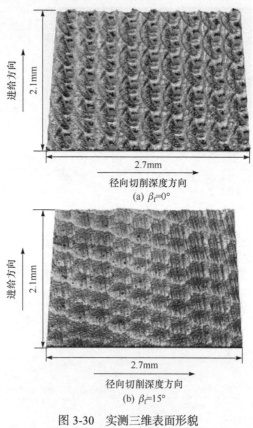

图 3-30　实测三维表面形貌

(f_z=0.23mm, v_c=214m/min, a_e=0.3mm, a_p=0.4mm)

　　图 3-31 为三维表面轮廓的算术平均偏差 S_{ba} 的仿真值和实测值。可以看出，仿真值和实测值较吻合，S_{ba} 随前倾角的增大而降低，随后基本保持不变。当 β_f=0° 时，S_{ba} 最大，这是因为当 β_f=0° 时刀尖处切削速度为 0，球头铣刀的刀尖处不断挤压工件，使刀具振颤加剧，表面质量变差，从而 S_{ba} 的值最大。从图 3-28 和图 3-29 中的二维轮廓线也可以看出，仿真轮廓线接近于实测轮廓线，两者吻合度较高。

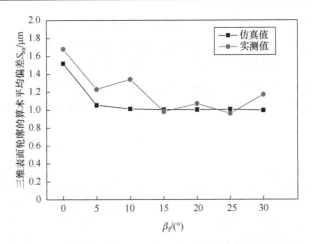

图 3-31　前倾角对三维表面轮廓的算术平均偏差 S_{ba} 的影响

(f_z=0.23mm, v_c=214m/min, a_e=0.3mm, a_p=0.4mm)

4) 每齿进给量和径向切削深度

三维表面轮廓的算术平均偏差 S_{ba} 随每齿进给量 f_z 的变化趋势如图 3-32 所示。三维表面轮廓的算术平均偏差 S_{ba} 随径向切削深度 a_e 的变化趋势如图 3-33 所示。由图 3-32 和图 3-33 中 S_{ba} 的变化趋势可知，被加工表面的 S_{ba} 随每齿进给量 f_z 和径向切削深度 a_e 的增大而不断增大。

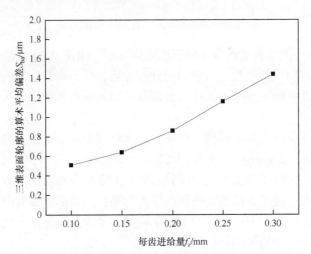

图 3-32　每齿进给量对三维表面轮廓的算术平均偏差的影响

(β_f=0°, a_e=0.3mm, a_p=0.4mm, v_c=214m/min)

在传统切削加工中，球头铣刀铣削过程中的每齿进给量比较低，为 0.1～0.2mm，而径向切削深度比较大，最大值可达 1mm，f_z/a_e 的值一般小于 1/3，从而使进给方向的残留高度远大于径向切削深度方向的残留高度。但为了减少后续的磨削、抛光等工序，模具加工正在朝着高速切削的趋势发展。随着切削速度的提高，可以在没有增加总切削时间的前提下，通过增加切削进给次数(减小了径向切削深度)，降低径向切削深度方向的残留高度。因此，在硬态切削条件下，球头铣刀的径向切削深度可降低至 $0.1 \sim 0.3$mm，f_z/a_e 的值可以提高至 $2/3 \sim 1$。

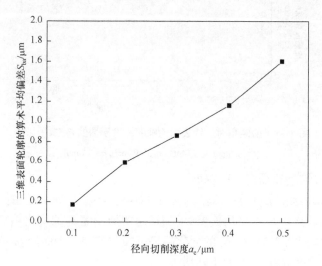

图 3-33　径向切削深度对三维表面轮廓的算术平均偏差的影响

($\beta_f=0°$, $f_z=0.2$mm, $a_p=0.4$mm, $v_c=214$m/min)

图 3-34 为不同每齿进给量下的三维表面形貌。由图 3-34(a)和图 3-34(e)可以明显看出两个方向残留高度以及它们的分布位置，进一步验证了两个方向残留高度都存在。因此，研究被切削工件的表面形貌应该综合考虑每齿进给量和径向切削深度的影响。

径向切削深度方向最大残留高度 $h_p=a_e^2/(8R)=2.25\mu$m，进给方向最大残留高度 h_f 分别为 0.94μm、2.04μm、3.69μm、5.87μm、7.73μm。可以看出，对于较大的 f_z/a_e 值，进给方向最大残留高度对表面形貌的影响大于径向切削深度方向最大残留高度；当 $f_z/a_e=1$ 时，进给方向最大残留高度大约是径向切削深度方向最大残留高度的 3 倍。而且，进给方向的残留物不同于均匀的径向切削深度方向的残留物，进给方向的残留物是不均匀的。

大的每齿进给量将产生大的进给方向的残留高度，从而增加后续工序中的磨削时间。反之，如果每齿进给量太小，不但无法提高工件表面质量，还会增加切削时间，降低切削效率。因此，需要一个合理的每齿进给量，既符合表面质量要求，又能提高切削效率，保证高的金属去除率。另外，进给方向的残留物的分布位置和径向切削深度方向的残留物的分布位置不一样，并且这两种残留物相互之间也没有影响。因此，每齿进给量的选取原则是：在保持径向切削深度不变的情况下，使进给方向残留高度和径向切削深度方向残留高度相等，即当每齿进给量 f_z 为 0.16mm 时，$h_p \approx h_f = a_e^2/(8R) = 2.25\mu m$。此时，$f_z/a_e = 0.16/0.3 \approx 0.533$。

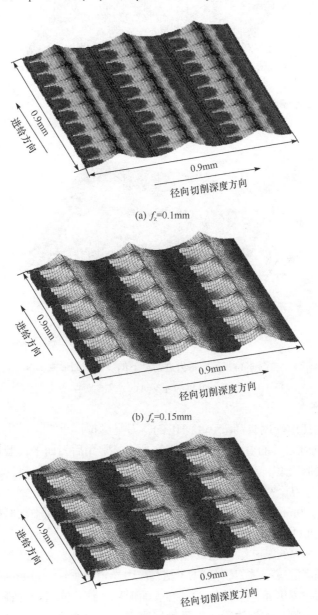

(a) f_z=0.1mm

(b) f_z=0.15mm

(c) f_z=0.2mm

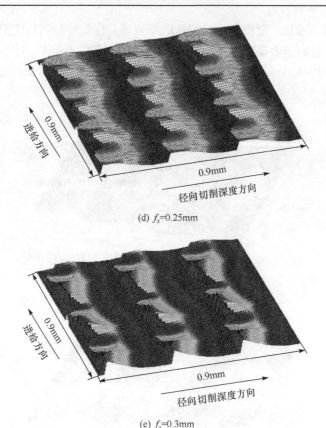

(d) f_z=0.25mm

(e) f_z=0.3mm

图 3-34　不同每齿进给量下的三维表面形貌

(β_f=0°, a_e=0.3mm, a_p=0.4mm, v_c=214m/min)

5) 刀具磨损

H13 钢的使用硬度较高((50±1) HRC)，刀具磨损严重[95]。其中，后刀面磨损是铣削 H13 钢时刀具的主要磨损形式[96]。因此，常用后刀面平均磨损带宽度(VB)衡量刀具磨损的程度。为了研究球头铣刀磨损对表面形貌的影响，取四把(分别记为 1 号刀、2 号刀、3 号刀、4 号刀)锋利的球头铣刀切削 H13 钢，切削时间分别设为 85min、170min、255min、340min。然后，测量后刀面平均磨损带宽度分别为 0.101mm、0.113mm、0.200mm、0.302mm，如图 3-35 所示。

采用表 3-1 中的第 9 组切削条件，利用未磨损过的球头铣刀(VB=0)和上述四把不同磨损程度的球头铣刀铣削 H13 钢，并用光学轮廓仪测量表面形貌。图 3-36 为刀具不同磨损程度条件下的加工三维表面形貌。使用未磨损的锋利铣刀时，被加工表面的残留物分布较均匀。刀具磨损之后，残留物分布较杂乱，刀具振痕较明显。此时，切削加工痕迹和切削刃上的坏点构成已加工表面的表面形貌，随着刀具磨损量的增加，切削刃与工件的接触由线接触变为面接触，接触面积增加，从而使摩擦产生的热量增加，导致工件表面材料的塑性流动更加严重，残留物分布不规则，刀具痕迹明显。由于切削刃后期磨损不均匀，切削刃上磨损量大的地方与磨损量小的地方的交界处切削刃较尖锐，切削过程中切削刃尖锐处不断刻划工件表面，导致表面峰谷高度差增大，残留物凸起增大，残留面积增加。

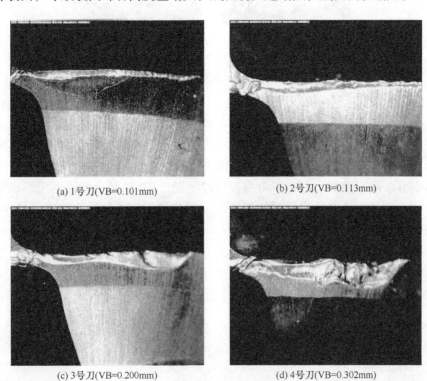

(a) 1号刀(VB=0.101mm)　　　(b) 2号刀(VB=0.113mm)

(c) 3号刀(VB=0.200mm)　　　(d) 4号刀(VB=0.302mm)

图 3-35　球头铣刀后刀面磨损形貌

$(\beta_f=0°，a_e=0.3\text{mm}，f_z=0.1\text{mm}，a_p=0.5\text{mm}，v_c=160\text{m/min})$

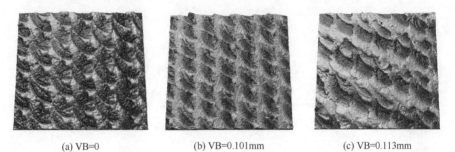

(a) VB=0　　　　　(b) VB=0.101mm　　　　　(c) VB=0.113mm

(d) VB=0.200mm　　　　　　(e) VB=0.302mm

图 3-36　刀具不同磨损程度条件下的加工三维表面形貌

(f_z=0.23mm, v_c=214m/min, a_e=0.3mm, a_p=0.4mm)

　　图 3-37 和图 3-38 分别为刀具磨损对进给方向和径向切削深度方向上残留高度二维轮廓线的影响。当后刀面平均磨损带宽度为零时，二维轮廓线波峰值较小，进给方向二维轮廓线波峰分布较均匀、周期性较明显。随着后刀面平均磨损带宽度的增加，二维轮廓线波峰变得越来越尖锐，进给方向的二维轮廓线波峰分布逐渐变得杂乱不规则。对比图中曲线可以发现，VB 值最大的铣刀所形成的二维轮廓线的最大波峰值为锋利铣刀所形成的二维轮廓线的最大波峰值的 4 倍左右。

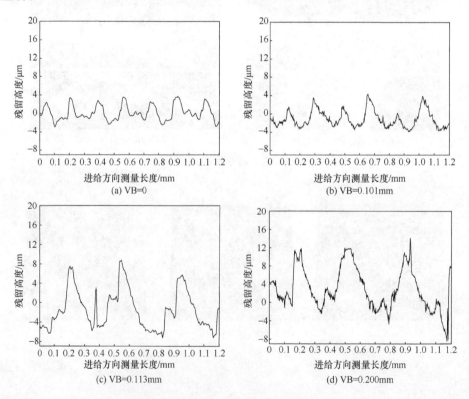

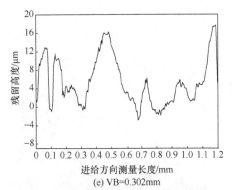

(e) VB=0.302mm

图 3-37　刀具不同磨损程度条件下的加工表面沿进给方向的二维轮廓线

(β_f=0°, a_e=0.3mm, f_z=0.1mm, a_p=0.5mm, v_c=160m/min)

刀具磨损通常分为三个阶段：初期磨损阶段、正常磨损阶段和急剧磨损阶段。如图 3-39 所示，三维表面轮廓的算术平均偏差 S_{ba} 的变化曲线也可以大致分为三个阶段。在初期磨损阶段，刀具磨损率较大，且切削过程中存在硬质点，导致 S_{ba} 迅速增大；在正常磨损阶段，S_{ba} 随 VB 的增大而比较平稳地增大；刀具进入急剧磨损阶段后，S_{ba} 迅速增大，最后达到 6.8μm。引起 S_{ba} 增大的原因是，刀具磨损导

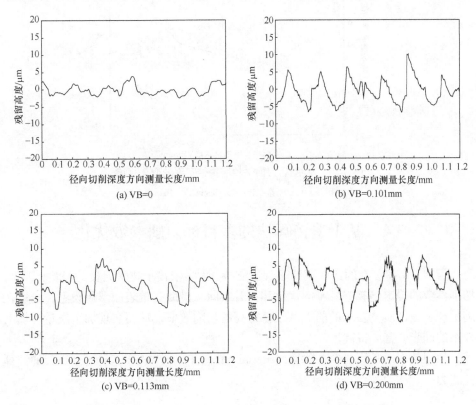

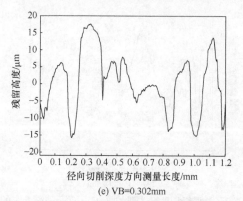

(e) VB=0.302mm

图 3-38　刀具不同磨损程度条件下的加工表面沿径向切削深度方向的二维轮廓线

(β_f=0°, a_e=0.3mm, f_z=0.1mm, a_p=0.5mm, v_c=160m/min)

致切削刃形状不规则，并且使刀具后角减小，刀具后刀面与工件接触面积增大，导致产生的切削热量增大，切削力上升，材料的塑性流动加剧，从而引起 S_{ba} 增大。

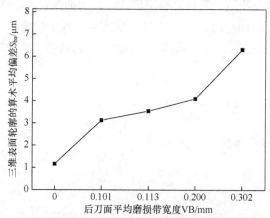

图 3-39　S_{ba} 随后刀面平均磨损带宽度的变化规律

(β_f=0°, a_e=0.3mm, f_z=0.1mm, a_p=0.5mm, v_c=160m/min)

3.4　基于遗传算法的多目标切削参数优化

目前，切削参数的选取还缺乏理论支持，大多依赖于技术人员的经验；因此，切削参数的确定仍有进一步的优化和提升空间。借助三维表面形貌模型，可以在满足加工表面质量要求的前提下，获得高的切削效率，从而实现加工质量和切削效率的同步改善或提高。

切削效率通常用材料去除率(material removal rate，MRR)表示。MRR 的计算公式为

$$MRR = a_p a_e f_z Z_n n \tag{3-21}$$

式中，MRR 为材料去除率(mm^3/min)。

将切削时间 t 和三维表面轮廓的算术平均偏差 S_{ba} 设为目标函数，利用遗传算法求解 Pareto 解集，为企业生产提供最优的切削参数组合，并供其选择。

3.4.1　目标函数的建立

切削时间的函数表达式为

$$t = \frac{V}{MRR} \tag{3-22}$$

式中，V 为去除材料体积(mm^3)。

对于三维表面轮廓的算术平均偏差 S_{ba} 目标函数，为了提高计算效率和预测精度，首先应建立 S_{ba} 的数学表达式。

1. 球头铣削表面的 S_{ba} 数学表达式

在球头铣削过程中，加工表面上一个完整的铣削残留物是由刀具在第 j 个刀路上的第 i 次进给、第 i+1 次进给与第 j+1 个刀路上的第 i 次进给、第 i+1 次进给形成的。将加工表面简化为在一个平面有 4 个相同半径的球面与该平面相切，切点(刀触点)位置分别为平面上 $a_e \times f_z$ 大小的矩形的 4 个顶点。平面与这 4 个球面组成简化后的铣削残留物，如图 3-40 所示。球面高度与基准面偏距在矩形范围内的

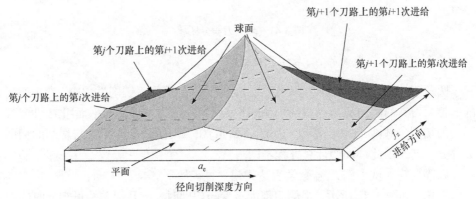

图 3-40　铣削残留物简化示意图

积分除以矩形面积即球头铣削的 S_{ba} 值。考虑到对称性因素(图 3-41)，积分对象可简化为一个球面，积分区域可缩小为 $a_e/2 \times f_z/2$。图中，点 A 为刀触点。球头铣削的 S_{ba} 表达式为

$$S_{ba} = \frac{4\int_0^{f_z/2}\int_0^{a_e/2}\left|R-\sqrt{R^2-x^2-y^2}-h\right|\mathrm{d}x\mathrm{d}y}{f_z a_e} \times 1000 \tag{3-23}$$

式中，h 为基准面高度(mm)，计算公式如下：

$$h = \frac{4\int_0^{f_z/2}\int_0^{a_e/2}\left(R-\sqrt{R^2-x^2-y^2}\right)\mathrm{d}x\mathrm{d}y}{f_z a_e} \tag{3-24}$$

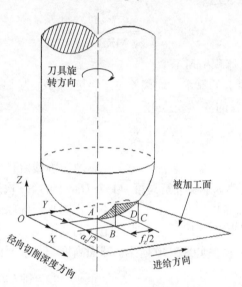

图 3-41　球头刀积分区域

2. 圆角刀铣削表面的 S_{ba} 数学表达式

圆角刀铣削表面的 S_{ba} 数学表达式较为复杂。在圆角刀铣削过程中，参与切削的部位为刀具的圆角部与侧刃部，因此将残留物简化为由环面与平面组成。同时，不同的切削参数(径向切削深度与每齿进给量)和刀具倾角会导致参与切削的切削刃部分不同，因此环面的计算方程不同。

以等高轮廓铣为例，S_{ba} 数学表达式建立过程如下。

首先，如图 3-42 所示，当侧刃部即将参与切削时，由几何关系可知此时的刀具倾角 β 为

$$\beta = \arccos\left(\frac{a_e}{2r}\right) \tag{3-25}$$

式中，r 为圆角部半径(mm)。下面以刀具倾角 β 为界限分两部分讨论。

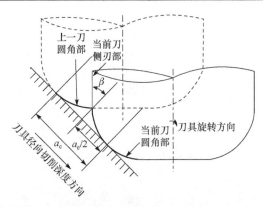

图 3-42　侧刃即将参与切削时的倾角

当 $\beta < \arccos\left(\dfrac{a_e}{2r}\right)$ 时，仅有圆角部参与切削，此时环面方程为

$$\left[x\left(1-\frac{R_1-r}{\sqrt{x^2+z^2}}\right)\right]^2 + y^2 + \left[z\left(1-\frac{R_1-r}{\sqrt{x^2+z^2}}\right)\right]^2 = r^2 \tag{3-26}$$

式中，R_1 为刀触点处的环面主曲率半径。由图 3-43 可得 R_1 表达式如下：

$$R_1 = \frac{R-r+r\sin\beta}{\sin\beta} \tag{3-27}$$

进而得到环面上点到平面的距离为

$$\Delta h = R_1 - \sqrt{B^2 - x^2} \tag{3-28}$$

式中，

$$B = R_1 - r + \sqrt{r^2 - y^2} \tag{3-29}$$

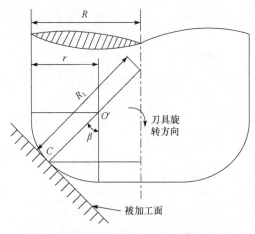

图 3-43　刀触点处环面主曲率半径几何关系

此时，S_{ba} 为

$$S_{ba} = \frac{4\int_0^{f_z/2}\int_0^{a_e/2}|\Delta h - h|\mathrm{d}x\mathrm{d}y}{f_z a_e} \times 1000 \tag{3-30}$$

式中，

$$h = \frac{4\int_0^{f_z/2}\int_0^{a_e/2}\Delta h\,\mathrm{d}x\mathrm{d}y}{f_z a_e} \tag{3-31}$$

当 $\beta > \arccos\left(\dfrac{a_e}{2r}\right)$ 时，由圆角部与侧刃部共同参与切削，此时依然简化为环面，其方程为

$$\left[x\left(1-\frac{R_1-r_1}{\sqrt{x^2+z^2}}\right)\right]^2 + y^2 + \left[z\left(1-\frac{R_1-r_1}{\sqrt{x^2+z^2}}\right)\right]^2 = r_1^2 \tag{3-32}$$

式中，r_1 为刀触点处环面沿径向切削深度方向上的等效圆角部半径。

图 3-44 显示了刀触点处曲面沿径向切削深度方向上的圆角部的等效半径。图中，侧刃不参与切削，则残留高度 h_1 为[45]

$$h_1 = \frac{a_e^2}{8r} \tag{3-33}$$

由图 3-44 中的几何关系可以求得 h_2：

$$h_2 = \frac{a_e/2 - r\cos\beta}{\tan\beta} + r - r\sin\beta \tag{3-34}$$

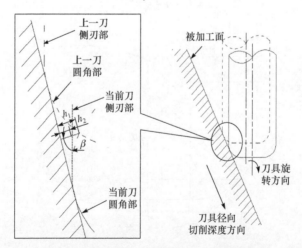

图 3-44 刀触点处曲面沿径向切削深度方向上的圆角部的等效半径

取 h_1 与 h_2 的平均值 $\overline{h}$ 为等效环面与平面组成的残留物高度:

$$\overline{h} = \frac{h_1 + h_2}{2} \tag{3-35}$$

则刀触点处曲面沿径向切削深度方向上的圆角部的等效半径 r_1 为

$$r_1 = \frac{a_e^2}{8\overline{h}} \tag{3-36}$$

此时,环面上点到平面的距离为

$$\Delta h_1 = R_1 - \sqrt{B_1^2 - x^2} \tag{3-37}$$

式中,

$$B_1 = R_1 - r_1 + \sqrt{r_1^2 - y^2} \tag{3-38}$$

此时,S_{ba} 为

$$S_{ba} = \frac{4\int_0^{f_z/2} \int_0^{a_e/2} |\Delta h_1 - h| \mathrm{d}x\mathrm{d}y}{f_z a_e} \times 1000 \tag{3-39}$$

$$h = \frac{4\int_0^{f_z/2} \int_0^{a_e/2} \Delta h_1 \mathrm{d}x\mathrm{d}y}{f_z a_e} \tag{3-40}$$

综上所述,当计算圆角刀等高轮廓铣的 S_{ba} 时,首先根据式(3-25)判断侧刃是否参与切削。若侧刃不参与切削,则使用式(3-30)计算 S_{ba};若侧刃参与切削,则使用式(3-39)计算 S_{ba}。另外,可以看出,式(3-30)和式(3-39)中仅有两个切削参数(每齿进给量 f_z 与径向切削深度 a_e)影响 S_{ba} 值。

对于斜坡铣,侧刃是否参与残留物构成的判断标准仍依据刀具倾角 β,此时 β 的计算公式为

$$\beta = \arccos\left(\frac{f_z}{2r}\right) \tag{3-41}$$

在计算圆角刀斜坡铣的 S_{ba} 值时,只需对调等高轮廓铣 S_{ba} 表达式中的 x、y 与 f_z、a_e 的对应关系即可。

3.4.2　目标函数的可靠性验证

圆角刀等高轮廓铣时的 S_{ba} 值对比结果如表 3-3 所示。由表可以看出,S_{ba} 计算值与实测值相对误差均在 15%以内,其中有 14 组数据误差在 10%以内,仅有 2 组数据误差超过 10%,故 S_{ba} 计算值的可信度较高。

表 3-3　S_{ba} 值对比

实验序号	刀具规格	v_c /(m/min)	a_p /mm	f_z /mm	a_e /mm	S_{ba}/µm 计算值	S_{ba}/µm 实测值	相对误差 /%
1	D1	56.55	0.05	0.05	0.08	0.42	0.44	+4.43
2	D3	131.95	0.05	0.14	0.25	1.38	1.30	−8.60
3	D4	163.36	0.05	0.18	0.10	0.56	0.55	−1.63
4	D4	163.36	0.05	0.18	0.16	0.66	0.76	+13.15
5	D4	163.36	0.05	0.18	0.30	1.50	1.70	+11.70
6	D6	188.50	0.05	0.27	0.34	1.39	1.30	−6.67
7	D8	301.59	0.05	0.23	0.40	1.32	1.44	+8.22
8	D6r0.5	101.79	0.05	0.30	0.06	0.96	0.94	−1.58
9	D6r0.5	101.79	0.05	0.30	0.16	1.63	1.69	+3.49
10	D8r0.5	125.66	0.05	0.48	0.12	1.96	1.98	+1.18
11	D8r0.5	125.66	0.05	0.48	0.16	2.29	2.51	+8.76
12	D8r0.5	125.66	0.05	0.48	0.30	4.76	4.96	+4.03
13	D12r1	169.65	0.05	0.56	0.18	1.89	1.90	+0.48
14	D12r1	169.65	0.05	0.56	0.23	2.29	2.31	+1.02
15	D17r3	186.92	0.05	0.57	0.35	1.70	1.64	−3.66
16	D22r3	241.90	0.05	0.66	0.34	1.72	1.67	−3.28

注：刀具规格中，D*中的数字表示球头铣刀的直径；D*r*中的数字分别表示圆角刀的直径和圆角半径。

3.4.3　多目标优化

在 3.4.1 节和 3.4.2 节中得到了两个目标函数：切削时间 t 和三维表面轮廓的算术平均偏差 S_{ba}。这两个目标是互相冲突的，若追求高加工效率，则会牺牲表面质量；若要得到高质量的加工表面，则会降低加工效率。对于这种目标相互矛盾的情况，可通过多目标遗传算法得到最优加工参数解集，该解集中的每一个解均是不同加工情况下的最优解，企业可根据生产要求选择合适的解。算法流程如图 3-45 所示。其中，约束条件设定如下：

$$v_{f\min} \leqslant Z_n f_z n \leqslant v_{f\max} \tag{3-42}$$

式中，$v_{f\min}$ 为进给速度的下限值；$v_{f\max}$ 为进给速度的上限值。

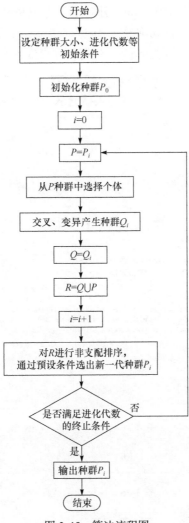

图 3-45　算法流程图

因此，优化模型为

$$\begin{cases} \min f(x) = \left[t(f_z, a_e), S_{ba}(f_z, a_e) \right] \\ \text{st:}\quad x = [f_z, a_e] \\ \qquad x \in S = \{ v_{f\min} \leqslant g(x) \leqslant v_{f\max} \} \end{cases} \tag{3-43}$$

3.4.4　优化结果及讨论

通过 MATLAB 软件编写多目标优化程序，目标函数程序如图 3-46 所示，算法主程序如图 3-47 所示。设置工件大小为 100mm×100mm×0.05mm，刀具规格为

D10r0.5，轴向切削深度为 0.05mm，切削速度为 169m/min，每齿进给量上限为 0.3mm、下限为 0.05mm，径向切削深度上限为 0.3mm、下限为 0.05mm，种群大小为 100，种群选择方式设置为"竞争制"，运行程序得到的 Pareto 解如图 3-48 所示。

```matlab
function [f, dR, dR1]=duomubiao11(s)
    global r
    global R
    global a
    global f
    global beta
    R=10/2;r=0.5;beta=s(1)*pi/180;a=s(2);f=s(3);
    if beta<acos(a/(2*r))
        F=quadv(@(x) arrayfun(@(x) quadv(@(y) RJD(x,y),0,f/2),x),0,a/2)*1000/(a*f/4);
    else
        F=quadv(@(x) arrayfun(@(x) quadv(@(y) RJD_2(x,y),0,f/2),x),0,a/2)*1000/(a*f/4);
    end
    f=[pi*100*100*0.05/(1000*4*169*s(2)*s(3)*0.05);F];
    function dR=RJD(x,y)
        R_1=(R-r+r*sin(beta))/sin(beta);B=R_1-r+sqrt(r^2-x.^2);z=R_1-sqrt(B.^2-y.^2);
        z1=quadv(@(x) arrayfun(@(x) quadv(@(y) RJD_jizhunmian(x,y),0,f/2),x),0,a/2)/(a*f/4);
        dR=abs(z-z1);
    end
    function dR=RJD_2(x,y)
        R_1=(R-r+r*sin(beta))/sin(beta);r_0=(a/2-r*cos(beta))/tan(beta)+r-r*sin(beta);r_00=(r_0+a^2/(8*r))/2;
        r_1=a^2/(8*r_00);B=R_1-r_1+sqrt(r_1^2-x.^2);z=R_1-sqrt(B.^2-y.^2);
        z1=quadv(@(x) arrayfun(@(x) quadv(@(y) RJD_2jizhunmian(x,y),0,f/2),x),0,a/2)/(a*f/4);
        dR=abs(z-z1);
    end
    function dR1=RJD_jizhunmian(x,y)
        R_1=(R-r+r*sin(beta))/sin(beta);
        B=R_1-r+sqrt(r^2-x.^2);
        z=R_1-sqrt(B.^2-y.^2);
        dR1=z;
    end
    function dR1=RJD_2jizhunmian(x,y)
        R_1=(R-r+r*sin(beta))/sin(beta);r_0=(a/2-r*cos(beta))/tan(beta)+r-r*sin(beta);
        r_00=(r_0+a^2/(8*r))/2;r_1=a^2/(8*r_00);B=R_1-r_1+sqrt(r_1^2-x.^2);z=R_1-sqrt(B.^2-y.^2);
        dR1=z;
    end
end
```

图 3-46   目标函数程序

```matlab
function [s,fval,exitflag,output,population,score] = duomubiaoyouhua(nvars,lb,ub,PopulationSize_Data,Generations_Data)
    nvars=3;
    lb=[ 60 0.05 0.05];
    ub=[ 88 0.3 0.3];
    PopulationSize_Data=100;
    Generations_Data=inf;
    options = gaoptimset;
    options = gaoptimset(options,'PopulationSize', PopulationSize_Data);
    options = gaoptimset(options,'Generations', Generations_Data);
    options = gaoptimset(options,'SelectionFcn', { @selectiontournament [] });
    options = gaoptimset(options,'PlotFcns', { @gaplotpareto });
    [s,fval,exitflag,output,population,score] = ...
    gamultiobj(@duomubiao11,nvars,[],[],[],[],lb,ub,options);
```

图 3-47   算法主程序

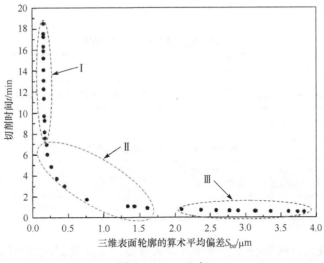

图 3-48　Pareto 解

　　由图 3-48 可知，Ⅰ区域的 S_{ba} 值较低，但切削时间较长，并且该区域的 S_{ba} 值并没有明显差别，因此该区域的参数不在选择范围内。而Ⅲ区域的切削时间短，但 S_{ba} 却达到 1.5μm 以上，一般来说不能满足加工表面质量要求。Ⅱ区域则是选择参数时需要关注的部分，在该区域的参数解中，S_{ba} 值可以满足表面要求，并且两个目标(S_{ba} 值和 t 值)的变化范围较大，可供选择的空间也较大。因此，企业可根据实际生产要求从Ⅱ区域中选择合适的最优解及其对应的切削参数组合。

3.5　加工表面缺陷分析

　　加工表面缺陷是由一系列机械、电化学和热力学因素共同作用产生的，并且与工件材料有关。相对于 H13 模具钢的高硬度，P20 模具钢的硬度低，且更容易导致表面缺陷的产生。本节利用扫描电子显微镜(QUANTA FEG 250，美国，FEI 公司)与能谱仪(INCA Energy X-MAX-50，英国，牛津仪器公司)分析五轴铣削 P20 模具钢的加工表面缺陷的产生机理，揭示切屑背面形貌与加工表面缺陷之间的关系。

3.5.1　P20 模具钢的五轴铣削实验

　　P20 是当前国内外应用最为广泛的塑料模具钢，主要用于大型、精密、复杂的注塑模具。为避免在热处理过程中发生变形和产生裂纹，通常在制造前对 P20 模具钢进行预硬化处理。预硬化的硬度范围通常为 HRC28～35，在该范围内 P20 模具钢具有较好的切削加工性能。P20 模具钢的化学成分与材料属性分别如表 3-4

和表 3-5 所示。

表 3-4　P20 模具钢的化学成分

成分	C	Si	Mn	Cr	Mo	Ni	Fe
质量分数/%	0.28～0.40	0.20～0.80	0.60～1.00	1.40～2.00	0.30～0.55	0.05～0.10	余量

表 3-5　P20 模具钢的材料属性

名称	密度 $\rho/(\text{kg/m}^3)$	弹性模量 E/GPa	硬度(HRC)	抗拉强度 σ_b/MPa	导热系数 $\lambda/(\text{W}/(\text{m}\cdot\text{K}))$
数值	7800	207	28～35	1140	29.0

刀具和机床仍选用前述的整体式硬质合金球头立铣刀(JH970100-TRIBON，瑞典，SECO 公司)和五轴联动加工中心(DMU60P，德国，DMG 公司)。铣削实验参数设计如表 3-6 所示。需要说明的是，为了节省篇幅和便于描述，表 3-6 中的参数是从一个完整的正交试验中节选的与加工表面缺陷有关的部分实验参数。

表 3-6　铣削实验参数设计

实验序号	前倾角 $\beta_f/(°)$	侧倾角 $\beta_n/(°)$	每齿进给量 f_z/mm	径向切削深度 a_e/mm	轴向切削深度 a_p/mm	切削速度 $v_c/(\text{r/min})$
1	4	4	0.26	0.15	0.15	345
2	4	8	0.36	0.20	0.20	377
3	4	12	0.46	0.25	0.25	408
4	12	16	0.26	0.25	0.10	377
5	16	0	0.46	0.15	0.30	377

铣削实验完成后，采用超声清洗的方法去除已加工表面的杂质。利用扫描电子显微镜与能谱仪分析五轴铣削 P20 模具钢的加工表面缺陷。

3.5.2　加工表面缺陷形貌和化学成分

加工表面的化学成分反映了切削过程中刀具-工件接触区的化学反应和元素迁移，因此加工表面的化学成分分析对加工缺陷机理研究十分重要。如图 3-49 所示，加工表面的正常区域有着连续的刀痕，并且表面光滑；而缺陷区域有明显的材料剥落现象，表面十分粗糙。

由图 3-50 中 EDS 结果可知，已加工表面中的正常区域和缺陷区域的各元素含量和比例极为相似。表 3-7 显示了正常区域和缺陷区域的元素含量，其中，C、

Si、S、O 等元素对表面缺陷的影响较大，C、Si、S 的原子百分比均小于 1%，对表面缺陷的影响可以忽略不计。O 元素的原子分数为 3.34%(正常区域)和 4.21%(缺陷区域)，相对于正常区域，缺陷区域的 O 元素的原子分数增加了 26%。这是因为切削过程中，在切削区产生强烈的剪切与拉伸变形，切削区产生大量的切削热，发生高温氧化现象，其化学反应式如下：

$$2Fe + O_2 \longrightarrow 2FeO \qquad\qquad (3\text{-}44)$$

$$\frac{4}{3}Fe + O_2 \longrightarrow \frac{2}{3}Fe_2O_3 \qquad\qquad (3\text{-}45)$$

$$\frac{3}{2}Fe + O_2 \longrightarrow \frac{1}{2}Fe_3O_4 \qquad\qquad (3\text{-}46)$$

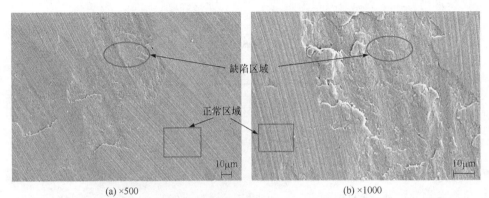

(a) ×500　　　　　　　　　　　　　(b) ×1000

图 3-49　SEM 下的已加工表面形貌(第 3 组实验)

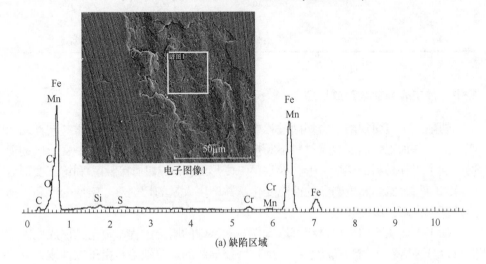

(a) 缺陷区域

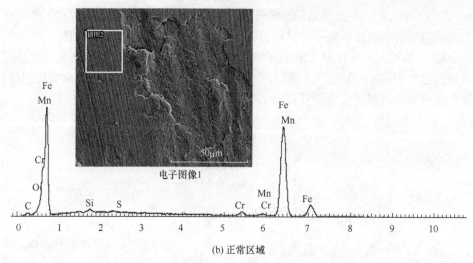

(b) 正常区域

图 3-50　加工表面 EDS 分析结果(第 3 组实验)

表 3-7　加工表面元素含量

元素	正常区域		缺陷区域	
	质量分数/%	原子分数/%	质量分数/%	原子分数/%
C	0.17	0.78	0.29	1.28
O	0.99	3.34	1.27	4.21
Si	0.42	0.81	0.48	0.90
S	0.17	0.29	0.22	0.37
Cr	2.03	2.10	1.80	1.85
Mn	1.28	1.25	1.18	1.15
Fe	94.93	91.42	94.76	90.25

3.5.3　加工表面缺陷形成机理

切削加工表面缺陷是由切削过程中的一系列机械、化学和热力学共同作用而产生的,是加工表面亚表层材料不断损伤的过程。切削过程中,第一变形区的剪切引起了工件材料的塑性变形,导致第二变形区(刀具-切屑接触区)和第三变形区(刀具-工件接触区)发生剧烈的性能变化,并产生大量的切削热。塑性变形和切削热的耦合作用,最终导致已加工表面缺陷。

加工表面缺陷的形成过程可以看作一种特殊的磨损过程,根据其形成原因不同可以分为磨粒磨损和黏着磨损。磨粒磨损导致的加工缺陷是由于工件或刀具后刀面存在硬质点或硬突起物,在切削过程中产生犁耕作用,并在已加工表面产生沟槽等加工缺陷,这一类表面缺陷可称为硬质点破损。其中,加工硬质点往往与工件材料的成分不甚相同。黏着磨损造成加工缺陷的原因是在第三变形区黏着效应所形成的黏着节点发生剪切断裂,促使已加工表面的材料脱落,这一类表面缺陷可称为粘连破损,切削热是造成这种缺陷的主要因素之一。

为确定五轴球头铣削 P20 模具钢的破损原因,对已加工表面进行 EDS 线扫描,结果如图 3-51 所示。图 3-51(a)为径向切削深度方向线扫描结果,编号 1 为正常区域,编号 2 为正常区域和缺陷区域之间的过渡区域,编号 3 为缺陷区域,线扫描结果显示径向切削深度方向上的元素含量并未发生明显变化。图 3-51(b)为沿进给方向线扫描结果,编号 4 和编号 6 为缺陷区域,编号 5 为正常区域,线扫描结果显示进给方向上的元素含量也未发生明显变化。由于实验过程中未使用切削液进行冷却,所以大部分的切削热都是通过切屑、工件和刀具散出,散布到工件上的切削热主要集中于切削区。另外,由于 P20 模具钢硬度较低,切削热使已加工表面处的材料变软,切削时刀具粘连,形成加工表面缺陷。因此,五轴球头铣削 P20 模具钢形成表面缺陷的原因是加工表面产生粘连破损。

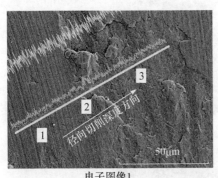
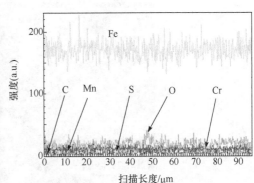

(a) 径向切削深度方向

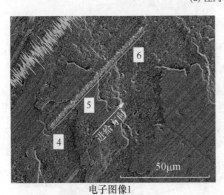
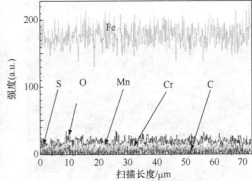

(b) 进给方向

图 3-51　加工表面 EDS 线扫描(第 3 组实验)

3.5.4　加工表面缺陷与切屑背面表面形貌的关系

球头铣削加工过程中产生的切屑为柳叶状四面体结构(图 3-52)，切屑表面分为自由表面和与刀具前刀面接触的背面。背面较为光滑，这是由刀具与工件材料的挤压与摩擦引起的。自由表面又分为待加工表面、前一切削刃切削表面和前一刀路切削表面，这三个表面粗糙是由切削力导致的材料流动造成的。根据切削时切屑与切削刃的相对位置关系，切屑可以分为顶部区域(切削时远离刀尖处)和底部区域(切削时靠近刀尖处)。顶部区域的棱长分别为每齿进给量和径向切削深度，前一刀路切削表面与前一切削刃切削表面相交所得的棱长与前倾角及轴向切削深度有关。由于球头铣削时的切削半径不同，所以球头部分切削速度各不相同，切屑顶部区域的切削速度较大。根据切屑形状可以看出，切屑的顶部区域比底部区域的变形剧烈，产生的切削热也较多。因此，加工缺陷也应该产生于与切屑顶部相对应的部分。图 3-53 中表面缺陷位于进给方向上对应球头铣刀切削速度较大的位置，也就是与切屑顶部相对应的部分。

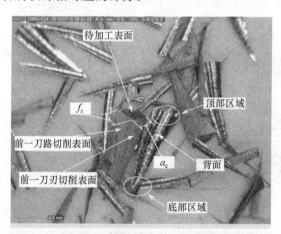

图 3-52　切屑形状(第 4 组实验)

(a) 第1组实验

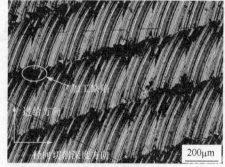

(b) 第2组实验

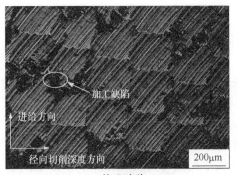

(c) 第4组实验　　　　　　　　　　　　(d) 第5组实验

图 3-53　加工表面缺陷

图 3-54 为四组实验的切屑形貌图。由图可以看出，切屑的大小和形状与切削参数有很大的关系。相比其他三组，第 2 组的每齿进给量、径向切削深度和轴向切削深度较小，切屑及切屑厚度也较小。与此同时，第 2 组和第 16 组切屑背面并没有第 3 组和第 15 组切屑背面光滑。通过对比可以得出，加工缺陷与切屑背面存在对应关系：切屑背面光滑，加工表面没有缺陷或损伤程度较轻；切屑背面粗糙，加工表面损伤程度较重。

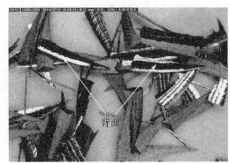

(a) 第1组实验　　　　　　　　　　　　(b) 第2组实验

(c) 第4组实验　　　　　　　　　　　　(d) 第5组实验

图 3-54　切屑形貌

3.6 本 章 小 结

(1) 以螺旋刃球头铣刀作为研究对象，运用图形矩阵变换原理和矢量运算法则求出切削刃上任意点相对于工件的运动轨迹方程，从而得到刀具运动包络体。通过布尔运算，得到球头铣刀铣削三维表面形貌。

(2) 基于平面形貌仿真模型和实验结果，研究了初始切入角、回转偏心量、前倾角、径向切削深度和每齿进给量等几何因素以及刀具磨损对表面形貌的影响；分析了径向切削深度与每齿进给量的比值对铣削三维表面形貌的影响。

(3) 以加工时间和三维表面轮廓的算术平均偏差为优化目标，利用多目标遗传算法进行目标函数求解优化，得到了 Pareto 解集，企业可根据实际生产要求从最佳区域中选择合适的最优解及其对应的切削参数组合。

(4) SEM 图像和 EDS 分析表明，五轴球头铣削 P20 模具钢的加工表面缺陷主要是由粘连破损造成的。另外，切屑背面形貌与加工表面缺陷之间存在关联性：当切屑背面光滑时，加工表面没有缺陷或缺陷程度较轻；切屑背面粗糙时，加工缺陷程度较重。

第4章　切削亚表层显微组织及性能分析

在模具钢硬态切削过程中，刀具和工件之间剧烈的热力耦合作用使得切削亚表层的显微组织及性能发生变化。由于切削亚表层尺寸薄，难以准确分析其显微组织及性能。准确识别切削亚表层的显微组织和开展力学性能评价及电化学特性分析，一直是加工表面完整性研究方面的热点问题。

4.1　切削亚表层显微组织

由于切削区的剧烈摩擦、塑性变形和切削热的作用，切削亚表层材料的相、晶粒形状、尺寸、方向及物理、力学、化学性能不同于基体材料的组织性能，称该区域为切削表面变质层。变质层是影响工件性能和表面完整性的重要因素，因此深入地了解切削亚表层的组织及性能变化对控制和保证淬硬钢硬态切削表面质量具有重要的意义。在硬态切削过程中，不同的切削参数会引起切削力、切削热等结果的变化，从而进一步影响切削亚表层显微组织的演变。另外，刀具在使用过程中不断磨损，也是切削过程中的重要变化量，会对切削亚表层显微组织及性能产生影响。因此，本章重点探究切削参数和刀具磨损对切削亚表层显微组织演变的影响。

4.1.1　切削参数对显微组织的影响

1. 实验设计

为了探究切削参数对已切削亚表层显微组织演变的影响规律，采用单因素铣削实验。如表 4-1 所示，选用切削速度 v_c、每齿进给量 f_z、径向切削深度 a_e 和轴向切削深度 a_p 作为实验因素，每个实验因素设定 5 个水平值，分别用 "2"、"1"、"0"、"–1" 和 "–2" 表示。如表 4-2 所示，每一行代表一组切削实验，一共 20 组，其中第 3、8、13、18 组切削参数相同，因此最终共进行 17 组切削实验。

表 4-1　单因素实验因素/水平表

因素	水平				
	2	1	0	–1	–2
A—切削速度 v_c/(m/min)	80	120	160	200	240
B—每齿进给量 f_z/mm	0.05	0.10	0.15	0.20	0.25

因素	水平				
	2	1	0	−1	−2
C—径向切削深度 a_e/mm	0.6	1.2	1.8	2.4	3.0
D—轴向切削深度 a_p/mm	0.8	1.6	2.4	3.2	4.0

表 4-2　单因素实验矩阵

实验序号	A (v_c)	B (f_z)	C (a_e)	D (a_p)
1	2	0	0	0
2	1	0	0	0
3	0	0	0	0
4	−1	0	0	0
5	−2	0	0	0
6	0	2	0	0
7	0	1	0	0
8	0	0	0	0
9	0	−1	0	0
10	0	−2	0	0
11	0	0	2	0
12	0	0	1	0
13	0	0	0	0
14	0	0	−1	0
15	0	0	−2	0
16	0	0	0	2
17	0	0	0	1
18	0	0	0	0
19	0	0	0	−1
20	0	0	0	−2

2. 实验条件

以模具钢 H13 作为研究对象，切削实验所用的工件材料尺寸为 150mm×100mm×25mm，实验前用立铣刀加工工件表面，以消除表面缺陷对实验结果的影响。实验所用的可转位立铣刀(R217.69-2020.0-09-2A)和刀片(XOMX090308TR-M08)均由瑞典 SECO 公司生产。全部实验均在三轴立式加工中心(ACE-V500，韩国，DAEWOO 公司)上进行，切削过程中不使用任何切削液。

通过切削实验获得 20 组切削试件，利用线切割制备出 15mm×10mm×10mm 的试样。将试样浸在无水乙醇中超声清洗 20min，随后用电木粉镶嵌，镶嵌时金相试样的抛光表面应垂直于已加工表面和进给方向(图 4-1)，以便观察加工工件亚表层显微组织的变化。试样抛光后用硝酸酒精溶液(5%硝酸+95%无水乙醇)进行腐蚀，然后用光学显微镜(BX41RF-LED，日本，OLYMPUS 公司)和电子扫描显微镜对腐蚀试样的金相组织进行观察。

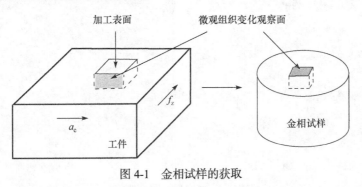

图 4-1 金相试样的获取

3. 结果与分析

通过对硬态切削的亚表层显微组织进行观察，可以发现不同切削参数条件下，得到的亚表层显微组织结构状态主要有三种：①无明显组织变化(图 4-2)；②有明显黑层(图 4-3)；③有明显白层(图 4-4)。研究表明，显微组织结构的变化是由不同切削温度导致不同的热处理状态引起的。当亚表层显微组织结构以白层为主时，厚度较薄，稳定在 1~2.5μm。相比较而言，黑层厚度一般较大，厚度可达 32μm。

下面详细分析切削参数对切削亚表层显微组织的影响。如图 4-5 所示，随着切削速度的提高，变质层由黑层转换到白层，直至切削速度达到最高水平时，亚表层显微组织结构观察不到明显变化。同时，变质层厚度随切削速度的提高逐渐降低，这是因为刀具与工件接触时间变短。由此可见，高速切削有助于提高表面质量。

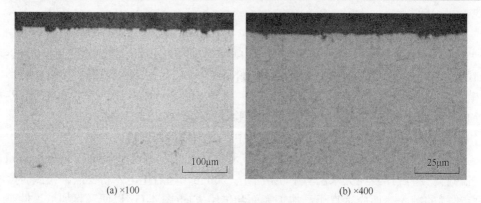

(a) ×100   (b) ×400

图 4-2　亚表层无明显组织变化

(v_c=240m/min, f_z=0.15mm, a_e=1.8mm, a_p=2.4mm)

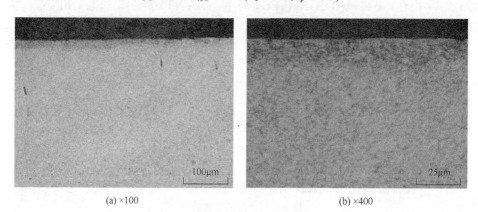

(a) ×100   (b) ×400

图 4-3　亚表层有明显黑层

(v_c=160m/min, f_z=0.25mm, a_e=1.8mm, a_p=2.4mm)

(a) ×100   (b) ×400

图 4-4　亚表层有明显白层

(v_c=160m/min, f_z=0.05mm, a_e=1.8mm, a_p=2.4mm)

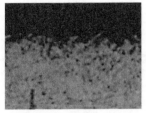 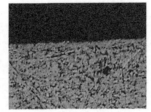 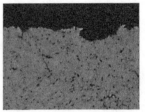

(a) v_c=80m/min　　　　　　(b) v_c=160m/min　　　　　　(c) v_c=240m/min

图 4-5　切削速度对亚表层显微组织的影响

(f_z=0.15mm, a_e=1.8mm, a_p=2.4mm)

1) 每齿进给量的影响

亚表层显微组织随每齿进给量的变化如图 4-6 所示。当每齿进给量达到最低水平时，形成厚度约为 2.40μm 的白层；随着每齿进给量的增加，白层厚度逐渐减小，直至每齿进给量为 0.25mm 时，已观察不到明显的白层。

(a) f_z=0.05mm　　　　　　(b) f_z=0.15mm　　　　　　(c) f_z=0.25mm

图 4-6　每齿进给量对亚表层显微组织的影响

(v_c=160m/min, a_e=1.8mm, a_p=2.4mm)

2) 径向切削深度和轴向切削深度的影响

径向切削深度和轴向切削深度对亚表层显微组织的影响分别如图 4-7 和图 4-8 所示。由图可知，径向切削深度和轴向切削深度对亚表层显微组织结构影响很小，白层厚度稳定在 1～1.5μm。这是因为当径向切削深度和轴向切削深度增加时，切削热虽然成正比增加，但加工表面底面宽度和侧面高度也同时增加，散热面积增大，散热条件大大改善，使得径向切削深度和轴向切削深度对亚表层显微组织结构影响很小。

 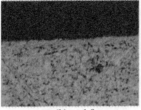 

(a) a_e=0.6mm　　　　　　(b) a_e=1.8mm　　　　　　(c) a_e=3.2mm

图 4-7　径向切削深度对亚表层显微组织的影响

(v_c=160m/min, f_z=0.15mm, a_p=2.4mm)

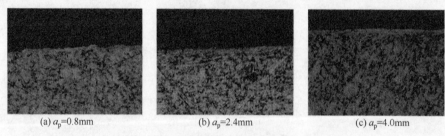

(a) a_p=0.8mm　　　　　　　(b) a_p=2.4mm　　　　　　　(c) a_p=4.0mm

图 4-8　轴向切削深度对亚表层显微组织的影响

(v_c=160m/min, f_z=0.15mm, a_e=1.8mm)

4.1.2　刀具磨损对显微组织的影响

1. 实验设计

将切削速度 v_c、每齿进给量 f_z、径向切削深度 a_e 和轴向切削深度 a_p 作为四个实验因素，每个因素分别取 4 个水平值，切削参数的取值范围根据刀具生产商推荐数值选取。设计如表 4-3 所示的 $L_{16}(4^4)$ 正交实验表，每一行代表一组实验，切削方式分别选择为干式切削和 CMQL 切削，均采用顺铣方式。

表 4-3　$L_{16}(4^4)$正交实验设计表

实验序号	v_c/(m/min)	f_z/mm	a_e/mm	a_p/mm
1	90	0.12	0.5	2.5
2	90	0.04	2.0	2.0
3	90	0.08	1.5	1.5
4	90	0.16	1.0	1.0
5	110	0.08	1.0	2.5
6	110	0.16	1.5	2.0
7	110	0.12	2.0	1.5
8	110	0.04	0.5	1.0
9	130	0.04	1.5	2.5
10	130	0.12	1.0	2.0
11	130	0.16	0.5	1.5
12	130	0.08	2.0	1.0
13	150	0.16	2.0	2.5
14	150	0.08	0.5	2.0
15	150	0.04	1.0	1.5
16	150	0.12	1.5	1.0

2. 实验条件

以模具钢 H13 作为研究对象，切削实验所用的工件材料尺寸为 150mm×100mm× 25mm，实验前用立铣刀加工工件表面，以消除表面缺陷对实验结果的影响。所用可转位立铣刀(R217.29-2520.3-05.2.070)和刀片(RDHW 10T3MO-MD04)均由瑞典 SECO 公司生产。全部实验在三轴立式加工中心上进行。

利用干式切削和 CMQL 切削条件下加工获取不同刀具磨损阶段的各 8 组试件，制备出 15mm×10mm×10mm 的试样。把这 16 块试样按切削方式和刀具的后刀面磨损量不同分别编号为 G1～G8 和 D1～D8，各试样对应的切削方式和后刀面最大磨损带宽度如表 4-4 所示。金相试样制备方法如 4.1.1 节所述。

表 4-4　金相试样与刀具磨损对应表

切削条件	试样编号	后刀面最大磨损带宽度 VB_{max}/mm	切削条件	试样编号	后刀面最大磨损带宽度 VB_{max}/mm
干式	G1	0	CMQL	D1	0
	G2	0.056		D2	0.042
	G3	0.139		D3	0.06
	G4	0.152		D4	0.105
	G5	0.153		D5	0.13
	G6	0.168		D6	0.18
	G7	0.253		D7	0.238
	G8	0.679		D8	0.36

3. 结果与分析

H13 钢硬态铣削获得的亚表层显微组织变化情况如图 4-9 所示。从图中可以看出，干式切削时在刀具磨损的最后阶段出现了白层，并且白层下面观测到黑层。在刀具磨钝之前的某个阶段(G2、G3)会出现黑层组织，有时也会出现极薄的白层(G2)。在干式切削的其他试样和所有的 CMQL 切削试样中都没有发现白层和黑层。

(a) G1　　　　　　　　　　　　　　　　(b) G2

(c) G3

(d) G4

(e) G5

(f) G6

(g) G7

(h) G8

(i) D1

(j) D3

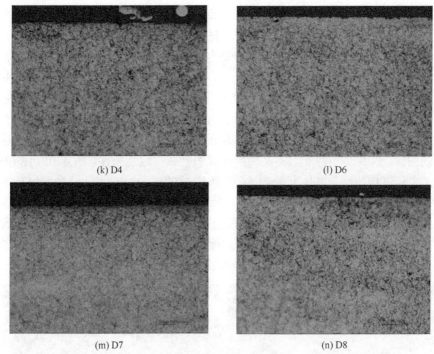

(k) D4　　　　　　　　　　　　　(l) D6

(m) D7　　　　　　　　　　　　　(n) D8

图 4-9　亚表层显微组织

在硬态铣削 H13 钢过程中，结合图 4-9 和表 4-4 可以发现，切削亚表层出现白层和黑层的 G2 号、G3 号试样对应的后刀面最大磨损带宽度 VB_{max} 分别为 0.056mm、0.139mm，G7 号、G8 号试样对应的后刀面最大磨损带宽度 VB_{max} 分别为 0.253mm、0.679mm，后刀面在这四个磨损带宽度下的磨损率很大(磨损曲线斜率很大)。刀具磨损分别处于磨损曲线的初始磨损阶段和剧烈磨损阶段，切削处于不稳定状态，刀具和工件摩擦剧烈，切削热和工件的塑性变形促使了白层和黑层的产生，由此可见刀具后刀面较大的磨损率不仅会引起较大的表面粗糙度，也会使工件已加工表面受到的力、热条件改变，导致工件亚表层显微组织发生变化。另外，还可以发现，G8 号试样产生的白层厚度明显比其他试样产生的白层厚度大很多，这是因为后刀面磨损量很大，切削力尤其是垂直于已加工表面的 Z 向力在急剧磨损阶段得到了大幅增长，机械作用引起较大的塑性变形，后刀面磨损量的加大致使磨损更加剧烈，产生的摩擦热增多，热、力作用共同导致了白层变厚。

CMQL 切削时亚表层没有出现白层，这是因为 CMQL 条件下的刀具磨损曲线变化缓慢，没有出现干式切削时的高磨损率情况，与干式切削相比，较小的后刀面磨损量降低了表面温度。另外，在 CMQL 切削过程中，低温油-气混合物在喷向切削区和工件表面时，降低了切削区和加工表面温度，使得白层的产生条件不复存在。

对亚表层组织进行 SEM 观察可以发现，不同冷却润滑方式和后刀面磨损量下铣削工件亚表层组织都存在塑性变形。图 4-10(a)和(b)为 D1 号试样亚表层的显微组织，在高放大倍数下，D1 号试样亚表层组织表现出了与基体不同的性质，亚表层中的晶粒受到挤压，被压碎、拉长，白色的碳化物颗粒分布在晶粒组织中。切削加工对工件表面的切削压力达到使工件产生塑性变形的程度，才会从工件上去除材料，产生切屑，获得已加工表面，这说明铣削 H13 钢时，已加工表面产生塑性变形是不可避免的。但是切削亚表层的显微组织只有在刀具磨损率很大时才会出现白层，这说明塑性变形不是白层生成的唯一决定性条件。图 4-10(c)和(d)分别是 G8 号试样白层与基体部分的 SEM 照片，在图 4-10(c)中已经看不到基体中清晰可见的原始晶粒组织，取而代之的是无晶界特征的致密组织，呈现非晶体取向。剧烈的塑性变形和高温使切削亚表层出现高密度位错和超细晶粒组织，这些无明显组织的白层在放大图中可以看见塑性变形流线和白色的碳化物颗粒，白层以下是拉长的亚晶粒组织，它们的形成与剧烈的局部塑性变形有关。

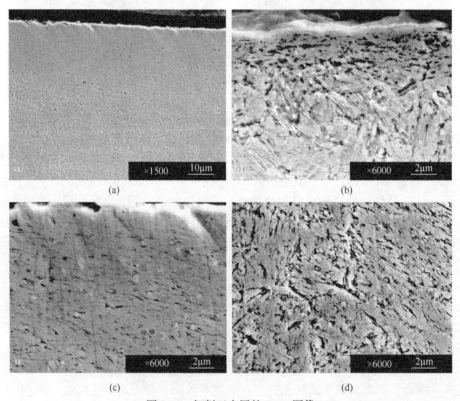

图 4-10　切削亚表层的 SEM 图像

为了探究亚表层显微组织是否发生相变，采用 X 射线衍射(X-ray diffraction, XRD)分析技术对铣削表面进行物相分析。分析所用的仪器为多功能 X 射线衍射仪(D8 Advance，德国，布鲁克公司)，该仪器具有对多晶体的物相进行定性与定量分析、晶体点阵常数精确测定、结晶度测定等功能。仪器主要技术指标为：X 射线发生器功率为 3kW，测角范围为–110°～168°，测角重现性为±0.0001°。利用该仪器对实验准备的 16 组保留面进行 X 射线扫描，扫描角度范围为 40°～110°，步长为 0.02°。利用 Highscore 软件分析所获得的 X 射线衍射谱。X 射线分析结果表明，不管是在干式切削条件下，还是在 CMQL 切削条件下，在刀具磨损的各个阶段，切削亚表层都没有发生物相变化，加工表面组织和基体组织一样，全部为回火马氏体(图 4-11)。

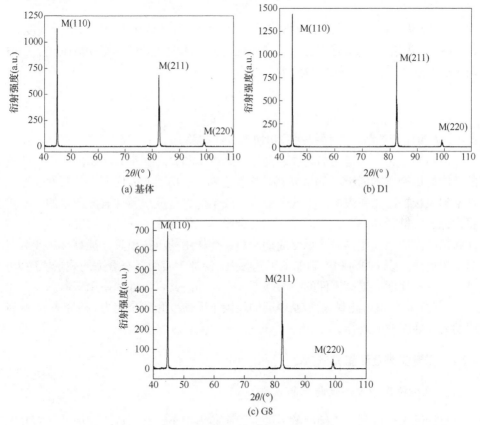

图 4-11　切削亚表层的 XRD 分析

4.2　切削亚表层材料的力学性能

在切削第三变形区，由于刀具刃口半径以及磨损产生的挤压、摩擦效应，切削亚表层发生塑性变形，而亚表层晶粒的扭曲对材料变形产生阻碍，使该层材料产生强化效应，硬度增大，形成加工硬化层。加工硬化是切削过程热力耦合不均匀应力场对工件已加工表面综合作用的结果，与切削条件和工件材料力学性能有关。

评价加工硬化的指标一般有三个，即显微维氏硬度、加工硬化程度和硬化层深度。

(1) 显微维氏硬度可利用显微维氏硬度测量仪器直接获得，其硬度用 HV 表示。

(2) 加工硬化程度 N_H 可用测量硬度与材料基体硬度的比值来确定，即

$$N_{\mathrm{H}} = \frac{\mathrm{HV}}{\mathrm{HV}_0} \times 100\% \qquad (4\text{-}1)$$

式中，HV 为表面或亚表层的显微维氏硬度；HV_0 为材料基体的显微维氏硬度。

(3) 硬化层深度 h_H 是指已加工表面距材料基体硬度处的垂直距离(μm)。一般硬化程度越大，硬化层深度也越大，即

$$h_{\mathrm{H}} = k\frac{\mathrm{HV}}{\mathrm{HV}_0} \qquad (4\text{-}2)$$

式中，k 为比例系数，与材料性质和加工条件有关。

切削加工时，随着局部高温、高压、高应变和高应变率，在切削区产生严重的不均匀热-弹塑性变形，导致材料晶格发生畸变，切削亚表层产生的塑性变形恢复不到原状，因此在表层产生残余应力。残余应力是反映零件表面质量的一个重要指标。大量研究表明，表面残余应力会影响工件的疲劳强度、耐腐蚀性、可靠性和精度保持性。尤其对于承受周期性热载荷作用的压铸模具，提高其热疲劳寿命至关重要。通过调整和控制加工工艺参数，使加工表面具有合适的残余压应力，可以在一定程度上提高零件的疲劳强度，进而提高其可靠性和使用寿命。

因此，本节通过测量表面/亚表层的显微维氏硬度和残余应力，研究表面/亚表层的力学性能演变规律。

4.2.1　测量仪器及测量方法

1. 显微维氏硬度测试与计算方法

显微维氏硬度是维氏硬度的一种。因实验力很小，具有许多其他硬度实验方法所不具备的功能和性质。在规定的实验力作用下，将顶部两相对面夹角 α_n 为 136°的金刚石正四棱锥体压头压入试样表面，保持规定的时间后，卸载实验力，测量试样表面压痕对角线长度，如图 4-12 所示。

显微维氏硬度压痕被视为具有正方形基面并与压头角度相同的理想形状，显微维氏硬度值可按式(4-3)进行计算：

$$HV = 0.102 \times \frac{2F\sin\dfrac{136°}{2}}{d_a^2} \approx 0.1891 \times \frac{F}{d_a^2} \qquad (4\text{-}3)$$

式中，HV 为显微维氏硬度；F 为实验力(N)；d_a 为压痕两对角线 d_1、d_2 的算术平均值(mm)。

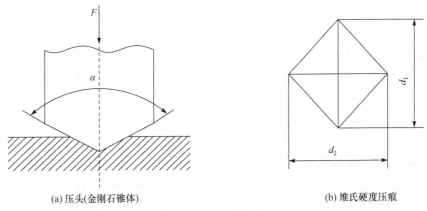

(a) 压头(金刚石锥体)　　　　　　　　(b) 维氏硬度压痕

图 4-12　显微维氏硬度测试原理

使用显微维氏硬度计(MH-6，中国，上海恒一精密仪器有限公司)测量试样表面的显微维氏硬度，在压力为 100gf(0.98N)的载荷下，压入待测 H13 钢表面，连续保持载荷 5s 后，卸去载荷，转至 40 倍物镜下测量表面压痕对角线长度，然后根据式(4-3)计算出加工表面的显微维氏硬度。

此外，为了获得切削亚表层不同深度处的显微维氏硬度，以径向切削深度方向的横截面为观察面，对试样进行磨抛处理，直到观察面的表面粗糙度 $R_a < 0.1\mu m$。采用 100gf(0.98N)的压力，持续加载时间 5s，每隔大约 25μm 测量一次硬度，一共测量 12 个点，硬度测量位置分布如图 4-13 所示。

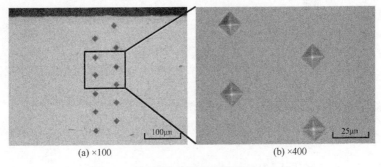

(a) ×100　　　　　　　　　　　　(b) ×400

图 4-13　显微维氏硬度测量位置的布置

2. 残余应力测试与计算方法

一定应力状态引起材料的晶格应变与弹性理论求出的宏观应变是一致的。X射线衍射法测量残余应力的原理为：通过 X 射线衍射技术和布拉格方程可以测得材料亚表层的晶格应变，残余应力引起的材料内部宏观应变与晶格应变对应，通过弹性本构方程可计算出材料亚表层的残余应力。本实验使用 X 射线应力分析仪(XSTRESS 3000，芬兰，Stresstech 公司)进行残余应力测试。实验采用硝酸酒精溶液腐蚀剥层法配合 X 射线应力分析仪来获得不同层深处的残余应力。首先，从铣削实验的工件上采用线切割方法割取尺寸为 10mm×5mm×3mm 的小块试样；其次，利用磁铁把工件倒挂(图 4-14)，使加工表面浸入硝酸腐蚀溶液(10%HNO_3+90%乙醇，体积比)，腐蚀一段时间；然后，用清水洗净，干燥后用千分尺测量出工件加工表面厚度的变化量；最后，用残余应力测试仪由表及里测试亚表层的残余应力。

为了更准确地通过腐蚀时间控制腐蚀厚度，探索了 H13 钢基体试样腐蚀厚度随腐蚀时间的变化趋势规律，实验方法同上。H13 钢基体试样腐蚀厚度随腐蚀时间的变化曲线如图 4-15 所示。由图可以看出，腐蚀厚度基本上和腐蚀时间呈正比关系，腐蚀速率约为 9μm/h。由于试样亚表层显微组织发生了变化，具体实验操作时，试样的腐蚀速率可能会随显微组织的不同而变化；所以，最终腐蚀厚度以千分尺测量结果为依据。

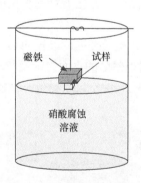

图 4-14　试样腐蚀原理图

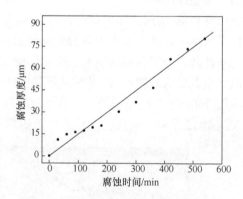

图 4-15　腐蚀厚度随腐蚀时间的变化曲线

4.2.2　结果及分析

1. 显微维氏硬度

1) 加工表面显微维氏硬度
在加工表面三个位置上打点，将所得的数据求平均值，测量结果如表 4-5 所示。此外，表中所示的切削参数与 4.1.1 节相同。为了更好地进行对比分析，首先测得未磨削试样的平均硬度为 HV540。由表可以看出，加工表面显微维氏硬度的变化范围为 HV570.42～HV701.78。

表 4-5　单因素实验矩阵及表面显微维氏硬度

实验序号	A (v_c)	B (f_z)	C (a_e)	D (a_p)	HV	上偏差	下偏差
1	2	0	0	0	596.27	0.56	0.79
2	1	0	0	0	604.65	8.07	7.82
3	0	0	0	0	614.24	3.89	3.89
4	−1	0	0	0	616.54	11.24	12.19
5	−2	0	0	0	572.23	2.54	4.43
6	0	2	0	0	701.78	13.47	13.30
7	0	1	0	0	617.89	9.89	6.58
8	0	0	0	0	614.24	3.89	3.89
9	0	−1	0	0	598.88	4.78	2.73
10	0	−2	0	0	590.27	7.24	7.08
11	0	0	2	0	694.55	3.68	6.07
12	0	0	1	0	649.20	10.43	7.30
13	0	0	0	0	614.24	3.89	3.89
14	0	0	−1	0	607.15	12.68	12.68
15	0	0	−2	0	570.42	19.70	9.16
16	0	0	0	2	607.20	9.77	10.03
17	0	0	0	1	608.54	4.53	4.53
18	0	0	0	0	614.24	3.89	3.89
19	0	0	0	−1	603.86	5.22	8.85
20	0	0	0	−2	572.66	6.43	4.48

利用式(4-1)可得不同切削条件下的亚表层加工硬化程度 N_H。取实验测得数据中的最小表面硬度和最大表面硬度来计算其表面硬化程度。

$$N_H = \frac{570.42}{540} \times 100\% = 105.6\%$$

$$N_H = \frac{701.48}{540} \times 100\% = 129.9\%$$

　　与一般钢件常规切削时的硬化程度(180%～200%)相比，硬态铣削 H13 钢时表面加工硬化程度较小。

　　切削参数对加工硬化的影响是多方面的，比较复杂，因为切削力、塑性变形产生的强化作用和切削热产生的弱化作用是相反的。切削表面显微维氏硬度随切削参数的变化趋势如图 4-16～图 4-19 所示。由图 4-16 可以看出，表面显微维氏硬度先随着切削速度的增大而增大。当切削速度较高时，塑性变形速度增大，缩短了刀具与工件的接触时间，使加工硬化来不及充分进行；同时，速度增大，切削亚表层温度也会升高，有助于亚表层金属的软化，故随切削速度的增加，硬化程度有所减小。由图 4-17 可以看出，随着每齿进给量的增加，表面显微维氏硬度

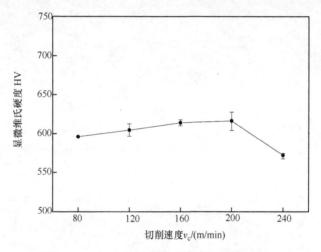

图 4-16　切削速度对表面显微维氏硬度的影响

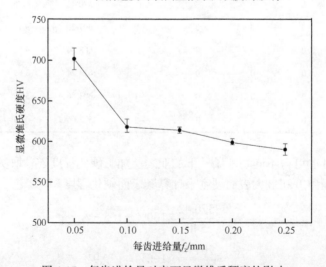

图 4-17　每齿进给量对表面显微维氏硬度的影响

逐渐降低。第 6 组实验加工表面显微维氏硬度明显高于其他组实验，主要原因是产生了硬度较高的白层。随着每齿进给量的减小，第 10 组实验加工表面显微维氏硬度达到最小，主要原因是加工表面产生了由于高温回火被软化的黑层组织结构。由图 4-18 进一步可以看出，随着径向切削深度的增加，表面显微维氏硬度呈降低趋势。同时，由图 4-19 可知，当轴向切削深度较小时，表面显微维氏硬度几乎不发生变化，当轴向切削深度较大时，表面显微维氏硬度呈现略微下降的趋势。尽管切削参数对加工硬化产生影响，但在淬硬模具钢高速铣削过程中这种影响并不明显，该研究结果与 Axinte 等[7]的研究是相吻合的。

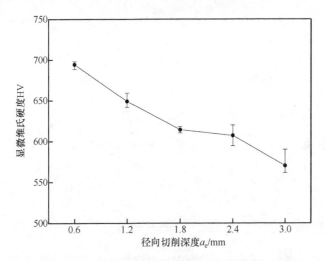

图 4-18　径向切削深度对表面显微维氏硬度的影响

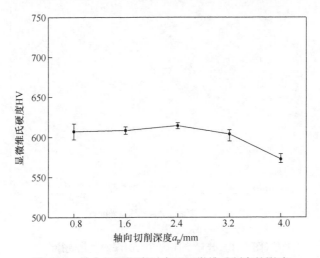

图 4-19　轴向切削深度对表面显微维氏硬度的影响

2) 亚表层显微维氏硬度

图 4-20(a)和(b)为不同硬态铣削条件下显微维氏硬度沿层深分布图。由图可以看出,虽然切削参数不一样,但是显微维氏硬度沿距离表面深度变化的趋势基本一致,呈"勺"形,都经历了表面强化—热软化—再度强化—区域稳定的过程。在各组实验中,切削热都造成工件亚表层回火软化,此区域硬度低于基体硬度。紧接软化层以下又进入塑性变形区,硬度迅速升高。这可能是因为软化层在组织转变过程中体积发生膨胀,对里层材料产生一定的挤压,引起位错密度增加,使材料再次产生硬化。

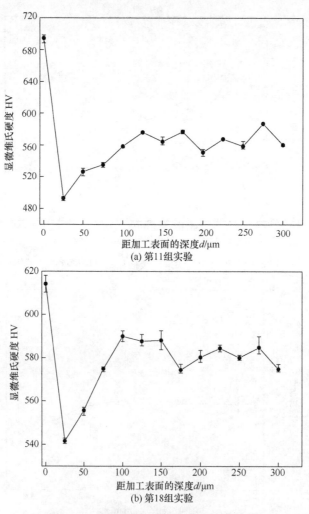

(a) 第11组实验

(b) 第18组实验

图 4-20　显微维氏硬度沿层深的变化规律

2. 表面残余应力及亚表层残余应力

1) 表面残余应力沿径向切削深度方向的分布规律

由图 4-21 可以看出，沿径向切削深度方向，各处的塑性变形程度是明显不同的，进而引起残余应力的变化。因此，首先探索表面残余应力沿径向切削深度方向的分布规律。为了更精确地获得表面残余应力沿径向切削深度方向的分布规律，采用直径为 1mm 的准直器。测量位置分布如图 4-21 所示，在加工表面两个接刀位之间，沿径向切削深度方向，每隔 0.1mm 测量一次，最终获得表面残余应力沿径向切削深度方向的变化趋势。

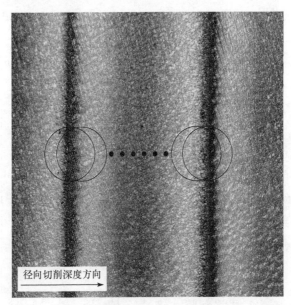

图 4-21　径向切削深度方向残余应力测量位置分布示意图

图 4-22 和图 4-23 分别是低速条件下和高速条件下残余应力沿径向切削深度方向的变化规律。可以看出，无论是高速铣削还是低速铣削，径向切削深度方向残余应力具有相同的变化趋势。在两个接刀位的中间位置，残余压应力达到最大值，从中间位置到两边，残余压应力的值逐渐减小，一直到接刀位位置，残余压应力达到最小值，变化趋势和表面形貌一致，呈现出周期性。平行进给方向的残余应力值明显小于径向切削深度方向的残余应力值，说明晶格沿径向切削深度方向的变形量明显比沿进给方向的变形量大。此外，由于进给方向残余应力值比较接近于 0，测量误差比较大，测量结果并未呈现出一致的变化趋势。

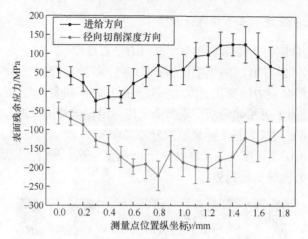

图 4-22　低速下残余应力沿径向切削深度方向及进给方向的分布规律
(第 1 组实验，v_c=80m/min)

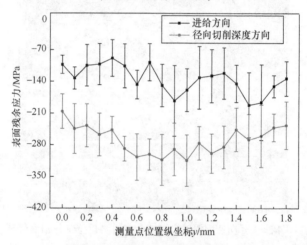

图 4-23　高速下残余应力沿径向切削深度方向及进给方向的分布规律
(第 5 组实验，v_c=240m/min)

　　在一个切宽范围内，测量位置的不同会导致残余应力有比较大的差别。因此，统一测量两个接刀位之间中间位置的残余应力，即最大的残余应力值，取其值作为分析数据。

　　2) 切削参数对表面残余应力的影响

　　如图 4-24～图 4-27 所示，进给方向残余应力和径向切削深度方向残余应力基本具有相同的变化趋势，即表面残余应力随每齿进给量、径向切削深度和轴向切削深度的变化趋势与轴向力随每齿进给量、径向切削深度和轴向切削深度的变化趋势基本一致，在铣削过程中轴向力对表面残余应力的形成有重要的影响。由

图 4-24 可以看出，表面残余应力随切削速度变化趋势比较平缓，在低速阶段(80～160m/min)，径向切削深度方向表面残余应力在 120m/min 达到最大值，在高速阶段(160～240m/min)，径向切削深度方向表面残余应力随切削速度增加有增加的趋势；由图 4-25 可以看出，表面残余应力随每齿进给量的增加有趋向拉应力的趋势，但是当每齿进给量达到 0.25mm 时，表面残余应力又趋向于压应力；由图 4-26 和图 4-27 可以看出，表面残余应力随径向切削深度和轴向切削深度具有一致的变化趋势，即当径向切削深度和轴向切削深度达到一定值时，表面残余应力达到最小值，然后随着径向切削深度和轴向切削深度向两边单调变化，表面残余应力逐

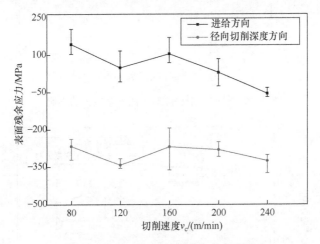

图 4-24　切削速度对表面残余应力的影响

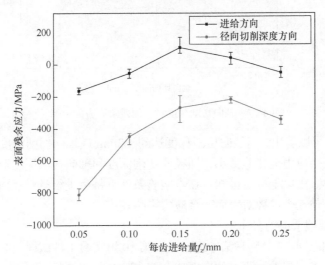

图 4-25　每齿进给量对表面残余应力的影响

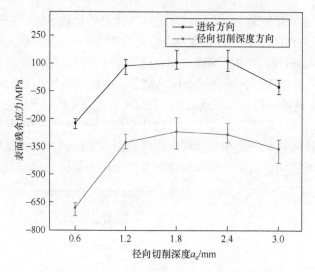

图 4-26 径向切削深度对表面残余应力的影响

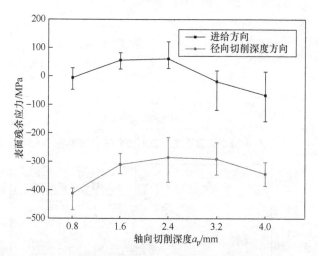

图 4-27 轴向切削深度对表面残余应力的影响

渐增大。但是可以看出，当径向切削深度达到 1.2mm 或轴向切削深度达到 1.6mm 以后，表面残余应力变化非常小，即径向切削深度和轴向切削深度对表面残余应力的影响很小。由以上分析可知，在本实验条件下每齿进给量对表面残余应力影响最大，而其他三个参数对表面残余应力影响较小。

3) 亚表层残余应力分布

图 4-28 和图 4-29 分别是第 6 组实验和第 10 组实验工件试样残余应力沿层深的变化趋势。未剥层前，测得的表面残余应力就是距离加工表面 10μm 处的残余应力，因此残余应力沿层深的分布曲线是从 10μm 处开始的。可以看出，在不同

切削参数下，亚表层显微组织在进给方向和径向切削深度方向的残余应力沿层深具有相同的变化趋势，且都与显微维氏硬度沿层深的变化趋势极其一致，都呈"勺"形。对于第 6 组实验，白层厚度为 2.4μm，进给方向残余压应力在层深约 20μm 处达到最大值，径向切削深度方向残余压应力在层深 10μm 处已经开始呈上升趋势。对于第 10 组实验，黑层厚度为 32μm，两个方向的残余压应力在层深约 20μm 处达到最大值。在残余压应力达到最大值的层深处，残余应力下降梯度比较大，说明此层深处的塑性变形最为严重，然后随着层深的增加，残余应力下降梯度逐渐减小，塑性变形逐渐减弱。第 6 组实验在层深 50μm 以下以及第 10 组实验在层深

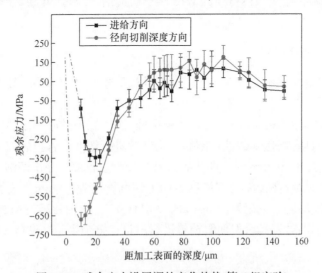

图 4-28　残余应力沿层深的变化趋势(第 6 组实验)

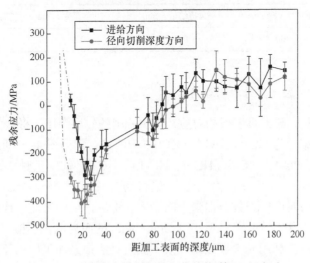

图 4-29　残余应力沿层深的变化趋势(第 10 组实验)

100μm 以下，残余应力曲线趋于平缓，残余应力经过微小反弹后趋于基体内部固有的应力值，即 0。

4.3　切削亚表层材料的电化学特性

4.3.1　电化学试样制备

为了研究切削亚表层材料的电化学特性，首先利用硬态切削制备了亚表层具有白层组织的试样。实验钢材料为 H13 热作模具钢，工件尺寸为 200mm×100mm×20mm。

1. 硬态切削试样制备

硬态切削实验采用的机床、刀具和切削方式与 4.1.1 节相同。硬态切削实验的切削参数如表 4-6 所示。在不发生严重崩刃和刀具断裂的情况下，将后刀面最大磨损带宽度 VB_{max}=0.6mm 作为刀具磨钝标准。为了制备较厚的白层组织以研究其特性，拟在刀具磨损达到磨钝标准后，仍继续进行切削，直至后刀面最大磨损带宽度 VB_{max} 超过 1.103mm 时，即达到刀具磨损严重程度，停止切削。实验过程中每进行 10 个循环(在径向切削深度方向上切削宽度为 18mm，金属切削体积为 3.6cm³)，使用手持式显微镜(Dino-Lite，AM4138T；中国台湾，AnMo Electronics Corporation 公司)对刀具后刀面磨损量进行测量，整个实验共进行 17 次刀具磨损测量。

表 4-6　硬态切削实验的切削参数

参数	切削速度 v_c/(m/min)	每齿进给量 f_z/mm	径向切削深度 a_e/mm	轴向切削深度 a_p/mm
数值	160	0.08	1.8	2

2. 电化学实验试样选取与制备

实验完成后，与刀具磨损相对应，按照铣削的先后顺序，将铣削工件分为 17 等份，并分别编号为 HC-1、HC-2、HC-3…HC-17。依据图 4-30 所示取样方式，利用线切割在 HC-1、HC-5、HC-9、HC-13、HC-17 铣削工件块上割取尺寸为 6mm×6mm×7.5mm 小钢块作为电化学实验试样，每一个编号的工件取 5 个小钢块。这些试样所对应的刀具磨损量不断增大，形成白层的可能性或白层厚度也依次增大。割取的电化学试样中尺寸为 6mm×6mm 的面为电化学检测表面，试样信息如表 4-7 所示。利用光学显微镜观察不同刀具磨损量加工后的亚表层，其显微组织如图 4-31 所示。

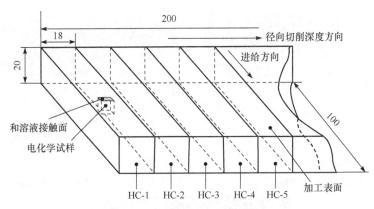

图 4-30　电化学实验取样示意图(单位：mm)

表 4-7　试样信息

试样编号	亚表层显微组织	VB_{max}/mm
HC-1	无明显变化	0.012
HC-5	有明显黑层	0.052
HC-9	不连续薄白层	0.090
HC-13	连续白层(厚 2.8μm)	0.245
HC-17	连续白层(厚 3.6μm)	1.103

　　电化学实验试样选取后进行工作电极的制备，具体步骤如下：①将电化学试样浸在无水乙醇中超声清洗 20min，将其与带有绝缘皮的刚性导线焊点冷焊在一起，为减小焊接时产生的高温对材料组织的影响，焊点应远离加工表面；②对焊接后的试样进行石蜡封装，确保没有金属表面暴露在外面；③用刀片将钢块铣削表面上的石蜡切除，仅使铣削表面暴露出来，并用棉棒蘸取无水乙醇对该表面进行反复擦拭，确保该表面上没有残留的石蜡。图 4-32 为制备的工作电极示意图和实物图。

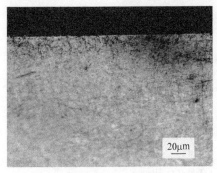

(a) HC-1试样(无明显组织变化)

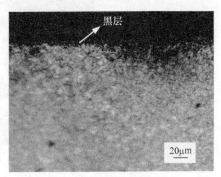

(b) HC-5试样(有明显黑层)

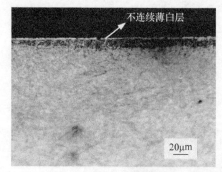

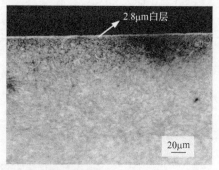

(c) HC-9试样(不连续薄白层)　　　　　　　(d) HC-13试样(白层厚2.8μm)

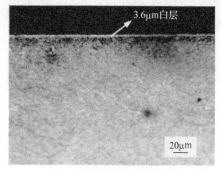

(e) HC-17试样(白层厚3.6μm)

图4-31　硬态切削试样亚表层显微组织图

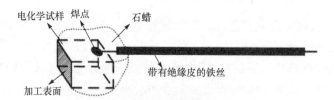

(a) 工作电极示意图

(b) 工作电极实物图

图4-32　工作电极示意图和实物图

4.3.2　电化学实验设计

电化学测量采用三电极两回路测量体系(图 4-33)。三电极：①RE(reference electrode)代表参比电极，它是电极电势的比较标准，用来确定研究电极的电势。其主要特点是不易被极化，电极电势恒定，具有良好的恢复性、稳定性和重现性。常用的参比电极有标准氢电极、饱和甘汞电极、银-氯化银电极等。②WE(working electrode)代表工作电极，是实验研究的对象。实验前应针对工作电极准备一个已知的暴露区域(其面积一般为 $1cm^2$ 左右)，其余表面用绝缘介质(如环氧树脂、石蜡等)覆盖，在测试过程中工作电极测试表面与鲁金毛细管尖端之间的距离应保持在 $1\sim2mm$。③CE(counter electrode)代表辅助电极，其作用是通过极化电流实现对工作电极的极化。辅助电极既要实现连通极化回路的作用，又要保证其本身不被极化，因此辅助电极暴露在电解液的面积应较大以减小电流密度，而且辅助电极常以不易被极化的铂作为电极材料，也可以使用在介质中保持惰性的金属材料如 Ag、Ni、W、Pb、C 等。此外，为了形成极化回路，电化学测试过程中通常采用盐桥连接参比电极和工作电极，盐桥是一种充满电解质溶液的玻璃管(本实验使用鲁金毛细管)，其两端分别与两种溶液相连接，通过可溶性离子盐(如 KCl)来提供离子导电路径。

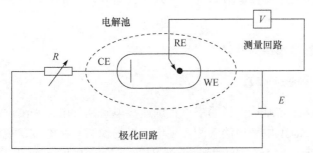

图 4-33　三电极两回路测量体系

三个电极组成两个工作回路：①极化回路，极化电流大小的控制和测量在此回路中进行；②测量回路，此回路是对工作电极的电势进行测量和控制，由于回路中没有极化电流流过，只有较小的测量电流，所以不会对工作电极的极化状态、参比电极的稳定性造成干扰。可见，利用两回路三电极体系可同时测定工作电极的电流和电位。

图 4-34 为电解池中三电极的示意图和实物图。工作电极为加工试样，与电解质溶液接触区域的尺寸为 8mm×8mm；参比电极为饱和甘汞电极(汞/甘汞-饱和 KCl)，其相对标准氢电极的电位为+0.241V；辅助电极为铂电极；盐桥内充满饱和 KCl 琼脂凝胶；采用的电解质溶液有两种：浓度为 1mol/L 的 NaOH 溶液和质量分数为 3.5%的 NaCl 中性溶液；实验在室温 25℃下进行。

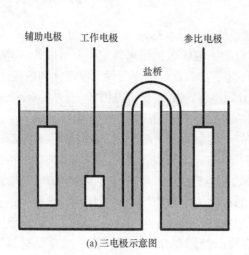
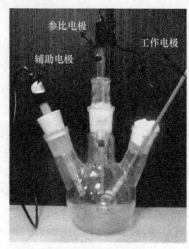

(a) 三电极示意图　　　　　　　(b) 三电极实物图

图 4-34　电解池中三电极的示意图和实物图

所有电化学实验均在电化学工作站(CS350，中国，武汉科思特仪器股份有限公司)上进行。CS350 具有较强的电分析功能，包括线性扫描伏安分析、循环伏安分析、阶梯波循环伏安分析、差分脉冲伏安分析、常规脉冲伏安分析和方波伏安分析等。

4.3.3　亚表层显微组织对试样电化学特性的影响

1. 稳态开路电位测量

按照电化学工作站操作说明书，正确连接电解池各电极和测试系统接口。将工作电极置入 NaCl 电解质溶液测量工作电极的稳态开路电位，观察开路电位随时间的变化规律。待浸泡时间达到 60min 时，开路电位随时间变化缓慢，基本维持稳定，可将此时的开路电位记为稳态开路电位。针对编号为 HC-1、HC-5、HC-9、HC-13 和 HC-17 的工件，每种工件选取 5 个试样进行稳态开路电位测量，图 4-35 为测量结果。由图可以发现，无白层的 HC-1 和 HC-5 试样的稳态开路电位均值都大于–0.40V，而具有白层的 HC-9、HC-13 和 HC-17 试样的稳态开路电位均值都小于–0.44V。稳态开路电位是热力学参数，表征材料腐蚀倾向的大小，一般认为开路电位越高，耐腐蚀能力就越强。但是不能简单地用开路电位评价体系的防腐性能，例如，在 pH 小于 4 的非氧化性酸性体系中，金属 Fe 的溶解过程，随着 pH 的减小，开路电位是增大的，但是此时的腐蚀速率是增大的。应该针对具体问题具体分析，并与其他电化学技术结合来分析被研究体系的电化学特点。

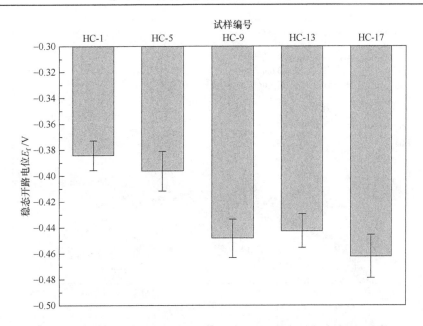

图 4-35　硬态铣削试样在质量分数为 3.5% NaCl 溶液中的稳态开路电位

2. 电化学阻抗测量

电化学阻抗谱(electrochemical impedance spectroscopy，EIS)是通过给电化学系统施加一个频率不同的小振幅的交流电势波，测量交流电势与电流信号的比值(此比值为系统的阻抗)随正弦波频率的变化，或者是阻抗的相位角随正弦波频率的变化，进而分析电极过程动力学、双电层和扩散等，研究电极材料、固体电解质、导电高分子和腐蚀防护等机理。开路电位测量结束后，从每类编号工件的五个被测试样中选取两个进行电化学阻抗测量，参数设定如下：正弦交流激励信号的幅值为 5mV，测试频率范围为 $10^5\sim0.01$Hz，测量在稳态开路电位下进行。

图 4-36 为 H13 钢硬态铣削试样在质量分数为 3.5% NaCl 溶液中的电化学阻抗谱。由图可以看出，阻抗谱上的每条曲线都呈现单一容抗弧，但是每条曲线并不符合标准半圆形，即不能用传统传荷过程控制下的等效电路来分析。在所有试样中，亚表层显微组织为黑层的 HC-5 试样具有最大的容抗弧，其阻抗曲线分布在谱图的上方。亚表层显微组织为白层的 HC-9、HC-13 和 HC-17 试样的阻抗曲线分布在谱图的下方，而且可以看出，随着白层的出现及其厚度的增加，对应试样的阻抗曲线的容抗弧有变小的趋势，白层的出现显著减小了电极/溶液双电层界面的阻抗。亚表层无明显变化的 HC-1 试样的阻抗曲线介于具有黑层的试样和具有白层的试样之间。具有不同亚表层显微组织的试样的阻抗曲线分布区域不同，这就表明不同的显微组织其电化学性能是有差异的。

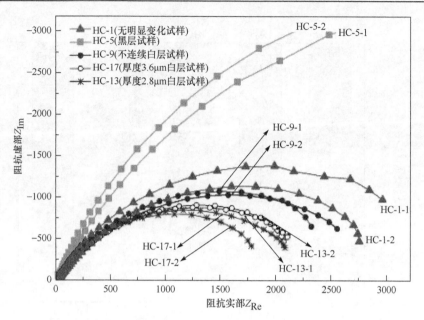

图 4-36　硬态铣削试样在质量分数为 3.5% NaCl 溶液中的电化学阻抗谱

3. 等效电路拟合与数据解析

图 4-36 中各试样的阻抗曲线低频区都没有倾斜角度为 45°的斜线，可推断电极体系的扩散过程不显著，即等效电路中不含有 Warburg 阻抗。而且所有试样的阻抗曲线均呈现单一容抗弧，无第二个半圆，则电极体系无明显的吸附过程。因此，拟采用图 4-37 所示的两种等效电路对阻抗曲线进行拟合。图中，R_s 代表溶液电阻；R_{ct} 代表界面电荷转移电阻；C_{dl} 代表界面电容，CPE(constant phase angle element)代表常相角元件，包含常相位系数 Y_0 和弥散指数 n。拟合工具采用电化学阻抗谱拟合软件 Zview，拟合方式为最小二乘法拟合。通过对拟合效果的比较，可以发现 R_s(CPE R_{ct})电路相比于 R_s(C_{dl} R_{ct})电路对测得的所有阻抗曲线都具有较好的拟合效果(图 4-38 为采用两种等效电路对 HC-9-1 试样阻抗曲线拟合结果)，

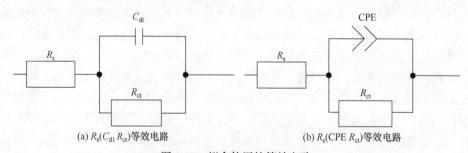

图 4-37　拟合使用的等效电路

因此选用 $R_s(\text{CPE } R_{ct})$ 电路作为本实验电极体系的等效电路。

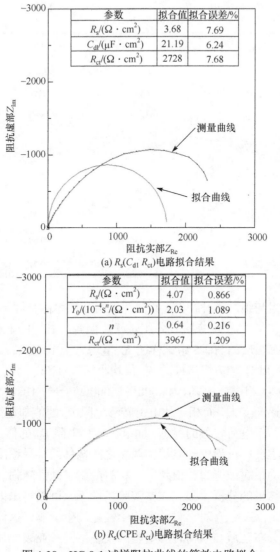

(a) $R_s(C_{d1} R_{ct})$ 电路拟合结果

参数	拟合值	拟合误差/%
$R_s/(\Omega \cdot \text{cm}^2)$	3.68	7.69
$C_{d1}/(\mu\text{F} \cdot \text{cm}^2)$	21.19	6.24
$R_{ct}/(\Omega \cdot \text{cm}^2)$	2728	7.68

参数	拟合值	拟合误差/%
$R_s/(\Omega \cdot \text{cm}^2)$	4.07	0.866
$Y_0/(10^{-4}\text{s}^n/(\Omega \cdot \text{cm}^2))$	2.03	1.089
n	0.64	0.216
$R_{ct}/(\Omega \cdot \text{cm}^2)$	3967	1.209

(b) $R_s(\text{CPE } R_{ct})$ 电路拟合结果

图 4-38　HC-9-1 试样阻抗曲线的等效电路拟合

表 4-8 为对阻抗曲线进行等效电路拟合得到的结果。在 $R_s(\text{CPE } R_{ct})$ 等效电路中，R_s 是工作电极和辅助电极之间的溶液电阻，它与电解池的配置结构、溶液类型和浓度因素有关。对于本实验，所有试样的 R_s 无显著性差别，这是因为所有试样使用的电解质溶液相同，而且测量在同一电解池中进行。试样之间常相位系数 Y_0、弥散指数 n 和电荷转移电阻 R_{ct} 不同，表明试样之间所构成的电极/溶液双电层界面不同。同一组内两个试样各对应参数值相近，证明了测量的有效性和准确性。

表 4-8　拟合结果

试样序号	溶液电阻 $R_s/(\Omega \cdot cm^2)$	常相位系数 $Y_0/(10^{-4}s^n/(\Omega \cdot cm^2))$	弥散指数 n	电荷转移电阻 $R_{ct}/(\Omega \cdot cm^2)$
HC-1-1	3.02	1.78	0.74	4032
HC-1-2	3.50	2.10	0.68	4193
HC-5-1	2.55	0.59	0.76	10053
HC-5-2	3.40	0.62	0.77	10775
HC-9-1	4.07	2.03	0.64	3967
HC-9-2	3.01	1.50	0.71	3500
HC-13-1	3.60	2.06	0.69	2762
HC-13-2	3.32	2.83	0.67	2969
HC-17-1	2.60	2.75	0.69	2568
HC-17-2	3.57	2.80	0.71	2536

可以发现，组与组之间 Y_0 和 n 的值并无明显规律性，即不能通过试样/溶液双电层偏离纯电容 C 的程度来区别各组试样。但各组试样的电荷转移电阻 R_{ct} 有显著性区别：具有黑层的 HC-5 组试样的 R_{ct} 值均大于 $10000\Omega \cdot cm^2$，而具有白层的 HC-9、HC-13 和 HC-17 组试样的 R_{ct} 值均小于 $4000\Omega \cdot cm^2$，亚表层无明显显微组织变化的 HC-1 组试样 R_{ct} 值为 $4000\sim10000\Omega \cdot cm^2$；HC-9、HC-13 和 HC-17 组试样白层厚度逐渐变大，而相应的电荷转移电阻 R_{ct} 的值却逐渐变小。金属的腐蚀过程本质上是一个电荷转移的过程，而电荷转移电阻 R_{ct} 的值表征的是电极、溶液界面之间电化学反应过程中的电荷在两相之间转移的难易程度，因此其值间接反映了电极材料的耐腐蚀能力，值越大，材料的耐腐蚀性越强。

通过对测量结果的分析，限定在本实验条件下，可以得出以下结论：铣削试样亚表层的显微组织变化会对材料的电化学性能产生影响，这体现在其阻抗曲线在复平面图上的分布区域和电荷转移电阻的大小不同；亚表层显微组织为黑层的试样其耐腐蚀能力较好，白层的产生会削弱材料的耐腐蚀能力，而且随着白层厚度的增加材料耐腐蚀能力逐渐减弱。

4.4　白层电化学法检测

通过对 H13 钢硬态铣削试样的阻抗谱测量分析，可以发现具有不同亚表层显微组织的试样，其电化学特性具有显著区别。因此，电化学方法具有成为白层有效检测手段的潜力，可以通过电化学测量结果来获取被测试样的亚表层信息。然而，使用何种电解质溶液以及何种电化学测试方法能够达到最优检测效果是白层检测需要解决的问题，本节将以此为出发点，以检测灵敏度和对试样的损害程度为评价指标，进行电解液和检测方法的优选。

4.4.1　EDM 试样及原始试样制备

电火花加工(EDM)实验在数控精密电火花成型机床(SF201，中国，北京阿奇夏米尔工业电子有限公司)上进行，本次加工使用的工具电极为圆柱形铜电极，工作液为煤油。采用两组参数(粗加工和精加工)对 H13 钢进行电火花加工。适用于精加工的 EDM-F 组参数和适用于粗加工的 EDM-R 组参数如表 4-9 所示。为了便于分析电火花加工对于工件亚表层材料的影响，准备原始材料工件作为对照试样，其制作方法将电火花加工工件的热影响层用砂纸磨去，使工件亚表层材料和基体材料相同。

表 4-9　电火花加工参数

参数	分组	
	EDM-F 组	EDM-R 组
放电电流 I_{out} /A	9.4	25
脉冲宽度 t_i /μs	15	19
脉冲间隙 t_o /μs	11	14
空载电压 U_i /V	100	100
基准电压 U_e /V	75	65
极性	+	+

4.4.2　电化学阻抗的测量与解析

研究表明，在酸性溶液中进行加工试样的电化学测量存在以下两个缺点：①在不会使试样材料发生钝化的酸中，试样材料会和酸发生过快的化学反应，使试样表面腐蚀严重；②在会使试样材料发生钝化的酸中，产生的钝化层会隔绝溶液与试样材料的反应，使测量结果不能直观反映出试样亚表层显微组织的差别，不能达到白层检测的目的。因此，对于检测电解质溶液的选取，只在盐溶液和碱溶液中进行。相较于铣削白层试样，EDM 试样具有较厚的白层组织，可作为实验试样，原始材料试样亚表层无白层，可作为参照试样。

利用电化学阻抗谱法，分别测量 EDM 试样和原始材料试样在质量分数为3.5% NaCl 溶液和浓度为 1mol/L NaOH 溶液中的阻抗，并对其进行分析。测量参数设定为：正弦交流激励信号的幅值为 5mV，测试频率范围为 $10^5 \sim 0.01$Hz，测量在开路电位下进行。

图 4-39 和图 4-40 为 EDM 试样和原始材料试样在两种溶液中的电化学阻抗谱。三种试样在两种溶液中的阻抗曲线都表现为单一容抗弧，该容抗弧对应电化学反应阻抗，这与试样/溶液双电层界面间的电荷传递过程有关。而且，试样在两种溶液中的电化学阻抗曲线都表现为：原始材料试样的容抗弧显著大于 EDM 试样，其阻抗曲线位于谱图的上部区域；EDM 试样阻抗曲线位于谱图的下部区域，EDM-F 组试样的容抗弧略大于 EDM-R 组试样。

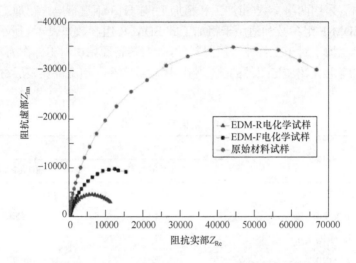

图 4-39　EDM 试样和原始材料试样在 NaOH 溶液中的电化学阻抗谱

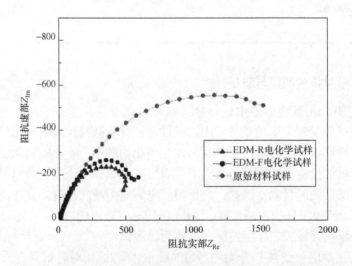

图 4-40　EDM 试样和原始材料试样在 NaCl 溶液中的电化学阻抗谱

为获得可量化的阻抗信息，利用电化学阻抗谱拟合软件 Zview 对测得的阻抗曲线进行等效电路拟合。拟合使用的等效电路为 R_s (CPE R_{ct})电路，表 4-10 和表 4-11 分别为试样在 NaOH 溶液和 NaCl 溶液中电化学阻抗曲线拟合的结果。

表 4-10 试样在 NaOH 溶液中电化学阻抗曲线拟合结果

试样类型	溶液电阻 $R_s/(\Omega \cdot cm^2)$	常相位系数 $Y_0/(10^{-4}s^n/(\Omega \cdot cm^2))$	弥散指数 n	电荷转移电阻 $R_{ct}/(\Omega \cdot cm^2)$
EDM-R	0.63	1.56	0.78	27476
EDM-F	0.59	1.03	0.80	44907
原始材料	0.55	48.81	0.91	93590

表 4-11 试样在 NaCl 溶液中电化学阻抗曲线拟合结果

试样类型	溶液电阻 $R_s/(\Omega \cdot cm^2)$	常相位系数 $Y_0/(10^{-4}s^n/(\Omega \cdot cm^2))$	弥散指数 n	电荷转移电阻 $R_{ct}/(\Omega \cdot cm^2)$
EDM-R	1.72	22.88	0.75	973
EDM-F	1.80	28.59	0.62	1204
原始材料	2.17	9.26	0.56	1956

试样在 1mol/L NaOH 溶液中的溶液电阻均值为 0.59 $\Omega \cdot cm^2$，在质量分数为 3.5% NaCl 溶液中的溶液电阻均值为 1.90 $\Omega \cdot cm^2$，因此 NaOH 溶液的导电能力强于 NaCl 溶液。在同一溶液中，三种试样之间的溶液电阻和弥散指数无显著性区别，具有显著性区别的参数为常相位系数和电荷转移电阻。常相位系数和弥散指数表征的是试样/溶液双电层界面之间的电容性，它们的值主要受试样表面状况的影响，如试样表面粗糙度、是否具有吸附层等。白层电化学检测针对的是亚表层显微组织变化的识别，要检测的试样的表面特征可能无显著性区别，因此常相位系数和弥散指数不适合作为检测参数。电荷转移电阻 R_{ct} 表征的是电荷在试样材料和溶液之间转移的难易程度，即使试样之间表面特征类似，根据 R_{ct} 值的大小，依然可以准确判定试样的亚表层显微组织特征。可以看到，在两种溶液中，原始材料试样的 R_{ct} 均比 EDM 试样大，这表明相较于原始材料试样，EDM 试样具有较弱的耐腐蚀能力。

EDM 试样相较于原始材料试样，其电化学阻抗特点的不同主要受试样表面形貌和试样亚表层显微组织的影响。为区别两者的影响，制备三个亚表层无白层但表面粗糙度不同的参照试样，将其制作成工作电极并在 1mol/L NaOH 溶液中进行阻抗谱测量，试样信息与测量结果如表 4-12 所示。

表 4-12　参照试样信息与测量结果

试样编号	表面粗糙度 R_a /μm	制备方法	R_{ct}/ ($\Omega \cdot cm^2$)
SR8.9	8.9	采用粗齿锉刀(每 10mm 轴向长度上有 8 条锉纹)进行锉削	78152
SR3.6	3.6	采用细齿锉刀(每 10mm 轴向长度上有 18 条锉纹)进行锉削	82334
SR0.5	0.5	采用 600 目水磨砂纸进行磨削	97462

图 4-41 为电荷转移电阻 R_{ct} 随试样表面粗糙度的变化规律。试样表面越粗糙，R_{ct} 的值越小，电荷在试样/溶液双电层界面之间转移越容易，试样越容易遭受到电解质溶液的腐蚀。这是因为粗糙表面单位面积内具有更多或者更深的微观凹坑，腐蚀介质容易渗入这些凹坑和缝隙处，形成局部原电池造成表面腐蚀。利用直线插值法，求得 EDM-R、EDM-F 试样的表面粗糙度，但亚表层无白层的试样，其电荷转移电阻分别为 79809$\Omega \cdot cm^2$ 和 82018$\Omega \cdot cm^2$。而 EDM-R 和 EDM-F 试样的电荷转移电阻分别为 27476$\Omega \cdot cm^2$ 和 44907$\Omega \cdot cm^2$。通过与表面粗糙度为 0.9μm 原始材料试样的 R_{ct} 相比较，可以发现粗糙度和白层均影响 EDM 试样的耐腐蚀性能，而白层是弱化 EDM 试样耐腐蚀性的主要因素。因此，在后续电化学实验中，不再单独区分两者的影响，EDM 试样和原始材料试样的电化学测量结果的区别主要是由试样亚表层显微组织不同所导致的。

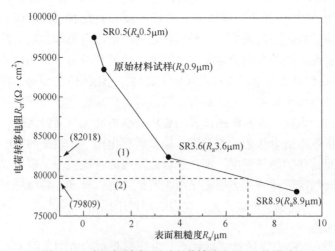

图 4-41　表面粗糙度 R_a 对电荷转移电阻 R_{ct} 的影响

4.4.3　动电位极化曲线的测量与解析

极化曲线是表示电极电势和电流密度的关系曲线，也是研究电极过程动力学最基本的方法。为分析此方法能否应用于白层的电化学检测，这里选取 EDM-R、

EDM-F 和原始材料组试样各两个，分别测量试样在质量分数为 3.5% NaCl 溶液和 1mol/L NaOH 溶液中的动电位极化曲线。从–1.5V 到+0.5V(相对于开路电位)进行电位扫描，扫描速度为 1mV/s，测量待开路电位稳定后进行。图 4-42 和图 4-43 分别为试样在 NaOH 溶液和 NaCl 溶液中测得的动电位极化曲线。

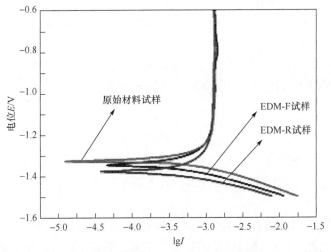

图 4-42　EDM 试样和原始材料试样在 NaOH 溶液中的极化曲线

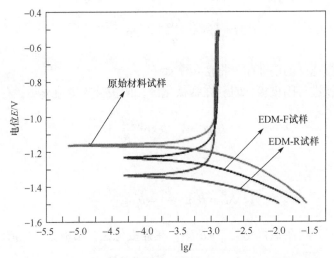

图 4-43　EDM 试样和原始材料试样在 NaCl 溶液中的极化曲线

　　运用极化曲线法评价材料的电化学性能，常用的两个参数为自腐蚀电位和自腐蚀电流密度。自腐蚀电位是开路时腐蚀金属电极的稳定电位，用符号 E_{corr} 表示；电极体系在自腐蚀电位下，阴阳极反应的速率相等，对应的电流密度为自腐蚀电流密度，用符号 i_{corr} 表示。自腐蚀电位 E_{corr} 是从热力学角度表征材料的腐蚀倾向性，一般来说，E_{corr} 越小，材料越不稳定，在腐蚀环境中越容易被腐蚀。自腐蚀电流密度 i_{corr} 是从动力学角度来考察电极耐腐蚀能力的，i_{corr} 越小，材料耐腐蚀性就越好。由法拉第定律可知，若反应类型已知，根据电极体系通过的电流可以求得电极上发生反应的物质的量，即两者存在严格的对应关系，因此采用 i_{corr} 比采用 E_{corr} 更能直观准确地比较材料的耐腐蚀性能。

在电极反应中，以 i_a 表示阳极反应的电流密度，以 i_k 表示阴极反应的电流密度。当体系达到稳定时，即金属处于自腐蚀状态时，$i_a = i_k = i_{corr}$，体系不会有净的电流积累，此时体系的电位为稳定电位 E_{corr}。金属处于自腐蚀状态时，外测电流为零。

当不存在浓差极化时，金属腐蚀速度的一般方程式为

$$I = i_a - i_k = i_{corr}\left[\exp\left(\frac{E_i - E_{corr}}{\beta_a}\right) - \exp\left(\frac{E_{corr} - E_i}{\beta_k}\right)\right] \tag{4-4}$$

式中，I 为外测电流密度；E_i 为电极电位；i_a 为阳极反应的电流密度；i_k 为阴极反应的电流密度；β_a 为阳极反应的自然对数塔菲尔斜率；β_k 为阴极反应的自然对数塔菲尔斜率。

令 $\Delta E = E_i - E_{corr}$，$\Delta E$ 称为腐蚀金属电极的极化值，当 $\Delta E = 0$ 时，$I = 0$；当 $\Delta E > 0$ 时，为阳极极化，$I > 0$，体系通过的是阳极电流。当 $\Delta E < 0$ 时，为阴极极化，$I < 0$，体系通过的是阴极电流。外测电流密度也称为极化电流密度：

$$I = i_{corr}\left[\exp\left(\frac{\Delta E}{\beta_a}\right) - \exp\left(\frac{-\Delta E}{\beta_k}\right)\right] \tag{4-5}$$

测定腐蚀速度的塔菲尔外推法步骤如下。

当对电极进行阳极极化时，在强极化区，阴极分支电流 $i_k = 0$，有

$$I = i_a = i_{corr}\exp\left(\frac{\Delta E}{\beta_a}\right) \tag{4-6}$$

改写为对数形式：

$$\Delta E = \beta_a \ln\frac{I}{i_{corr}} = b_a \lg\frac{I}{i_{corr}} \tag{4-7}$$

当对电极进行阴极极化时，$\Delta E < 0$，在强极化区，阳极分支电流 $i_a = 0$，有

$$I = -i_{corr}\exp\left(\frac{-\Delta E}{\beta_k}\right) \tag{4-8}$$

改写成对数形式：

$$-\Delta E = \beta_k \ln\frac{|I|}{i_{corr}} = b_k \lg\frac{|I|}{i_{corr}} \tag{4-9}$$

在强极化区，极化值与外测电流满足塔菲尔关系式，如果将极化曲线上的塔菲尔区外推到自腐蚀电位处，得到的交点横坐标就是自腐蚀电流，如图 4-44 所示。

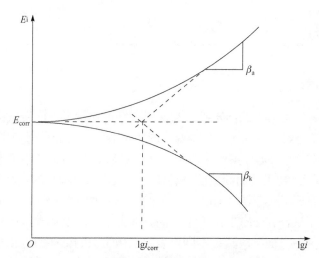

图 4-44　塔菲尔外推法求金属腐蚀电流的基本原理

利用塔菲尔外推法对图 4-42 和图 4-43 中的极化曲线进行 E_{corr} 和 i_{corr} 求解，结果如表 4-13 和表 4-14 所示。由此可以得到以下规律。

(1) 在两种溶液中，与原始材料试样相比，EDM 试样自腐蚀电位 E_{corr} 更具阳极性，而且 EDM 试样的自腐蚀电流 i_{corr} 显著大于原始材料试样。这也验证了前面所述的电化学阻抗谱的测量结果：相比于原始材料试样，EDM 试样具有较弱的耐腐蚀能力，这种弱化作用主要是由白层组织导致的。与 EDM-F 试样相比，EDM-R 试样的白层的耐腐蚀性弱化作用更明显。

(2) 三种试样在 NaCl 溶液和 NaOH 溶液中的测量结果区别度不同。在 NaCl 溶液中，三种试样的 E_{corr} 或 i_{corr} 值具有明显的差别，而在 NaOH 溶液中，三种试样的 E_{corr} 或 i_{corr} 值差别不明显。这是因为在 NaCl 溶液中，金属电极是持续的腐蚀过程，腐蚀产物溶入电解质溶液中；而试样在 NaOH 溶液中，当施加的极化电位较高时，容易在金属电极的表面形成钝化膜，这弱化了显微组织的影响。

表 4-13　试样在 NaCl 溶液中的动电位扫描结果

试样类型	自腐蚀电位 E_{corr} /V	自腐蚀电流 i_{corr}/(10^{-4}A/cm²)
EDM-R 试样	−1.33	19.17
EDM-F 试样	−1.24	11.29
原始材料试样	−1.17	7.15

表 4-14　试样在 NaOH 溶液中的动电位扫描结果

试样类型	自腐蚀电位 E_{corr} /V	自腐蚀电流 i_{corr}/(10^{-4}A/cm²)
EDM-R 试样	−1.38	7.81
EDM-F 试样	−1.35	8.25
原始材料试样	−1.32	4.85

4.4.4　试样表面观测

　　由于 EDM 试样表面凹凸不平，为便于观察电化学实验前后试样表面的腐蚀情况，选取原始材料试样作为观察对象。图 4-45 (a)、(b)、(c)分别为原始材料试样电化学实验前表面、NaOH 溶液中阻抗曲线测量后表面、NaCl 溶液中阻抗曲线测量后表面。由图可知，阻抗曲线的测量会使试样表面留下细小的点蚀孔，图 4-45(a)中的点蚀孔数量明显小于图 4-45(b)。在 NaOH 溶液中，三种试样电荷转移电阻值的区别度要大于试样在 NaCl 溶液中。一方面考虑白层电化学检测对被检测工件损伤要较小，另一方面要求具有不同亚表层显微组织的试样的电化学测量结果需具有显著区别，选择 1mol/L NaOH 溶液作为检测使用的电解质溶液可以达到更好的检测效果。

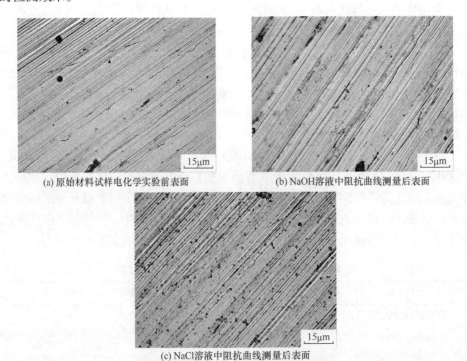

(a) 原始材料试样电化学实验前表面　　　　　(b) NaOH溶液中阻抗曲线测量后表面

(c) NaCl溶液中阻抗曲线测量后表面

图 4-45　试样电化学实验前后表面观察

　　图 4-46 为原始材料试样在 NaOH 溶液和 NaCl 溶液中极化曲线测量后表面腐蚀形貌，极化曲线测量后试样亚表层材料遭受电解质溶液的强烈腐蚀，试样表面发黑、碳化，甚至有部分材料脱落至溶液中。这是因为极化曲线测量属于强极化测量手段，在测量过程中有较大电流经过研究表面，大部分亚表层材料被腐蚀。虽然极化曲线测量可以获得较准确的电极腐蚀信息，但是由于此方法对于试样表面破坏性较大，所以不适合作为白层电化学检测的测试方法。

图 4-46　极化曲线测量后试样表面腐蚀形貌

4.5　本 章 小 结

　　(1) 在干式切削刀具磨损的最后阶段，工件加工表面出现较厚的白层。而在 CMQL 切削时，在刀具磨损的各个阶段均没有出现白层，实验发现白层的形成与刀具后刀面较大的磨损速率有关。

　　(2) 在硬态铣削 H13 钢过程中，切削速度和每齿进给量对亚表层中变质层的形式以及厚度具有很大的影响，而径向切削深度和轴向切削深度则对其影响很小。

　　(3) 在硬态铣削 H13 钢过程中，亚表层加工硬化程度较小，为 105%～130%，远不如一般钢件常规切削时的硬化程度(180%～200%)，亚表层显微维氏硬度随切削速度和轴向切削深度变化不大，但在高转速或大切深条件下，表面加工硬化程度都有一定程度的减弱。亚表层显微维氏硬度随径向切削深度的增加呈下降趋势。

　　(4) 在切削亚表层残余应力分布上，径向切削深度方向残余应力和进给方向残余应力随切削参数的变化具有相同的变化趋势。结果表明，每齿进给量对表面残余应力影响最大，而切削速度、径向切削深度和轴向切削深度对表面残余应力影响较小。对于不同的亚表层显微组织形态，表面残余应力沿层深的变化趋势都呈"勺"形，与显微维氏硬度沿层深的变化规律极其一致。

(5) 白层试样、亚表层无显著变化试样和黑层试样的电荷转移电阻 R_{ct} 具有显著区别，白层试样的电荷转移电阻最小。利用阻抗谱法和极化曲线法均可揭示白层对于试样耐腐蚀性的影响规律，即白层的出现减弱了试样的耐腐蚀性。但是极化曲线法对于试样表面破坏较大，而阻抗谱测量由于具有对被测试样底损伤的优点，可作为白层检测的测试方法。

第5章　外置式 MQL/CMQL 流场特性及切削力分析

针对大流量切削液所面临着环境保护及生产成本高的压力，人们在积极应用和开发新型冷却润滑方法，将切削油雾化成大量微小油滴，并利用常温或低温高压空气输送至切削加工区进行冷却、润滑，即 MQL/CMQL 等准干式切削技术。开展微小油滴碰撞破裂规律及雾化参数研究有助于提高油-气混合物的冷却润滑效果。

5.1　MQL 条件下的油滴覆盖率及尺寸分布

5.1.1　油-气混合物制备及油滴采集、分析方法

1. 油-气混合物制备

采用微量润滑装置(BASIC4E4，德国，SKF Vogel 公司)制备油-气混合物(图 5-1)，该装置的技术参数如表 5-1 所示。气体采用常温压缩空气(20℃)，切削油采用西班牙老鹰公司的 Bescut 173 植物基可降解性切削油，其物理特性如表 5-2 所示。空气流量和切削油流量则分别由不同的流量调节阀控制。压缩空气进入贮油罐后产生一定压力，将切削油通过双层软胶管输送至喷嘴处。从中心油孔喷出的切削油被外围通道喷出的压缩空气包围，在高速气流的剪切作用下破碎成微小油滴(图 5-2)。

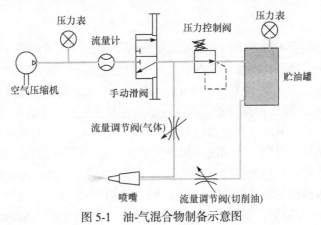

图 5-1　油-气混合物制备示意图

表 5-1　微量润滑装置技术参数

参数	数值
最大切削油贮存量 V_{omax} /L	3
供油范围 Q_r /(mL/h)	0~100
最高启动气压 P_{max} /MPa	0.60
最低启动气压 P_{min} /MPa	0.25
最低工作压力 U_{min} /MPa	0.20
工作电压 U/V	24 DC

表 5-2　切削油物理特性

参数	数值
动力黏度 μ_o /(Pa · s, 30℃)	0.038
密度 ρ_o /(kg/m³, 20℃)	950
比热容 c_o /(J/(kg · K))	1880
表面张力 σ/ (N/m)	0.029

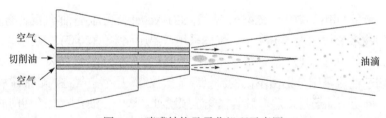

图 5-2　喷嘴结构及雾化机理示意图

2. 油滴采集

为了研究喷嘴下游不同位置处油滴的分布规律，构建了如图 5-3 所示的油滴采集装置。一支外置式喷嘴固定在立式加工中心主轴上，喷嘴出口竖直向下，喷嘴与工作台距离为 L。一片尺寸为 20mm×20mm×0.5mm 的单晶硅片固定于喷嘴正下方的工作台上，硅片两侧放置挡板以保证其运动至喷嘴正下方时开始采集油滴。经过抛光处理后，单晶硅片表面粗糙度 R_a 小于 0.5nm，可以有效地避免单晶硅片表面形貌对光学显微镜下的油滴图像产生干扰。为了精确控制油滴采集时间，利用加工中心的工作台作为实验支撑平台。一方面，通过控制机床工作台的 X 方向移动速度，达到控制油滴采集时间的目的；另一方面，通过控制机床主轴的 Z 方向位置，调节单晶硅片与喷嘴的距离(喷射距离)。工作台以 6000mm/min(相当于

0.1m/s)的速度移动, 喷嘴经过单晶硅片正上方的时间为 0.2s, 即油滴采集时间为
0.2s。实验过程中, 切削油流量设为 12.6mL/h, 而空气流量和喷射距离各有三个水
平, 则共进行 9 组实验(表 5-3)。其中, 空气流量和切削油流量的参数是根据实验
仪器的性能选定的: 实验仪器的空气流量为 20~60L/min, 故选择 30L/min、
40L/min、50L/min 作为实验参数; 经过对喷头出油量的多次测量取平均值, 得到
切削油流量为 12.6mL/h; 喷射距离的选取首先进行了一次预实验, 结果表明, 当
喷射距离小于 100mm 时, 油滴在单晶硅片上会互相黏结在一起, 无法分辨; 当喷
射距离大于 350mm 时, 油滴则十分稀疏, 不利于实验的开展。所以, 实验中喷射
距离设为 150mm、220mm、290mm。为了保证获得充足的样本数量, 每组实验完
成后, 在单晶硅片上选取九个位置采样, 总计获得 81 张油滴图片。

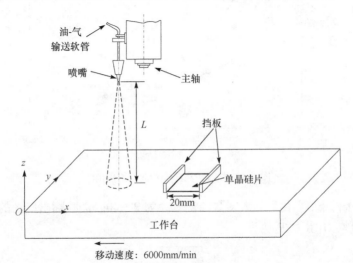

图 5-3 油滴采集装置示意图

表 5-3 实验参数表

实验序号	空气流量 Q_g /(L/min)	喷射距离 L/mm	切削油流量 Q_o/ (mL/h)
1	30	150	12.6
2	30	220	12.6
3	30	290	12.6
4	40	150	12.6
5	40	220	12.6
6	40	290	12.6
7	50	150	12.6
8	50	220	12.6
9	50	290	12.6

3. 油滴速度确定

油滴在碰撞平板(单晶硅片)前的速度对其碰撞变形及最终状态有着较大影响。因此,有必要分析工作台移动速度对油滴平均速度的影响效应。利用智能风速仪(SYT-2000V,中国,北京北拓仪器设备有限公司)对喷嘴轴线方向上的下游流场中空气速度进行测量,不同位置处的空气速度如图 5-4 所示。

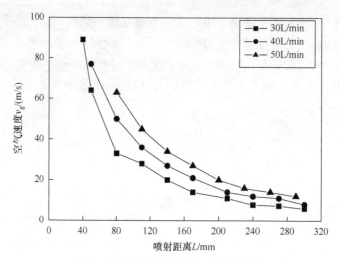

图 5-4　喷射距离对空气速度的影响

MQL 条件下,雾化后的大多数油滴直径为 2~40μm。喷嘴出口处的微小油滴所受的气流推力(阻力)F_b 为

$$F_b = \frac{8}{3}\sqrt{\frac{2\pi R_g T_g}{3M_g}}\rho_g D_o^2 \Delta v \qquad (5\text{-}1)$$

式中,F_b 为微小油滴所受的气流推力(阻力);R_g 为普适气体常数,R_g=8.3145J/(mol·K);T_g 为空气温度,T_g=293K;M_g 为空气的摩尔质量,M_g=28.8×10^{-3}kg/mol;ρ_g 为空气密度,ρ_g=1.22kg/m³;D_o 为油滴直径(m);Δv 为油滴与空气的相对速度(m/s)。

油滴在喷嘴出口处的速度很低,可视为 0。因此,可将空气速度 v_g 近似为油滴与气流的相对速度 Δv。

在压缩空气的作用下,油滴获得的加速度 a_o 为

$$a_o = \frac{F_b}{m_o} = \frac{F_b}{\frac{4}{3}\pi r_o^3 \rho_o} = \frac{3F_b}{4\pi r_o^3 \rho_o} \qquad (5\text{-}2)$$

式中,m_o 为油滴质量(kg);r_o 为油滴半径(m);ρ_o 为切削油密度,ρ_o = 950kg/m³。

当油滴自喷嘴出口处的移动距离为 L_o 时，其达到的速度 v_o' 为

$$v_o' = \sqrt{2a_o L_o} \tag{5-3}$$

式中，L_o 为油滴的移动距离(将喷嘴出口处视为坐标原点)(m)。

联立式(5-1)～式(5-3)，可以求得距喷嘴不同距离处的油滴平均速度。图 5-5 为空气流量为 30L/min 时，空气速度、油滴速度与喷射距离之间的关系曲线。从图中可以看出，对于喷射距离大于 40mm 的 MQL 流场，油滴经过压缩气体的加速作用，其运动速度与空气流动速度十分相近，故可将测得的空气速度近似看作油滴沿喷嘴轴线方向的运动速度。

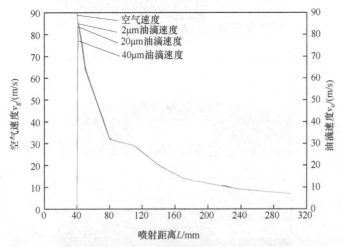

图 5-5　不同喷射距离处的空气速度和油滴速度(空气流量 Q_g=30L/min)

由图 5-4 可知，随着空气流量的增加，相同位置处的空气速度增大。随着测量距离的增大，空气速度降低，并且越靠近喷嘴处空气速度降低越快，远离喷嘴处速度降低越缓慢。当空气流量为 30L/min、40L/min 和 50L/min 时，喷射距离 290mm 处的空气速度分别为 5.9m/s、8.0m/s 和 12.0m/s，则相应的油滴平均速度近似为 5.9m/s、8.0m/s 和 12.0m/s。油滴的平均运动速度远远大于工作台移动速度 (0.1m/s)，所以可认为工作台的移动对油滴采集效果几乎不产生影响。

4. 油滴接触角和表面张力测量

接触角是指在气、液、固三相交点处所作的气-液界面的切线穿过液体与固-液交界线之间的夹角；表面张力是指液体表面任意两相相邻部分之间垂直于它们的单位长度分界线相互作用的拉力。接触角和表面张力均为油滴的固有属性，其大小与温度、油滴类型、分子量等有关，不随空气流量、喷射距离、速度的变化而变化。

　　作为衡量润滑油润湿性优劣的标准之一，接触角大小是决定刀具表面油滴覆盖率和油滴尺寸的重要因素，进而对油膜均匀性产生影响。利用光学接触角测量仪(Theta Lite101，瑞典，Biolin 公司)对 Bescut 173 切削油与单晶硅片之间的接触角进行测量。如图 5-6 所示，经过计算得到油滴与单晶硅片之间的平均接触角 θ=17.99°。

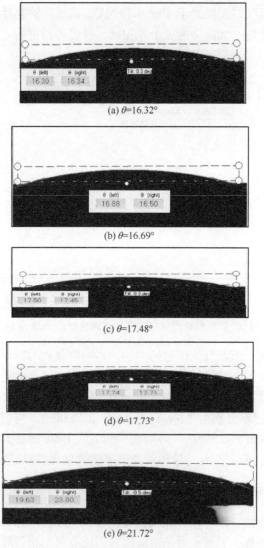

(a) θ=16.32°

(b) θ=16.69°

(c) θ=17.48°

(d) θ=17.73°

(e) θ=21.72°

图 5-6　油滴接触角

　　利用全自动表面张力仪(K100，德国，KRUSS 公司)对 Bescut 173 切削油与空气界面的表面张力进行测量，其表面张力 σ=0.029N/m。

5. 油滴图像分析流程

采用图 5-7 所示的流程,对油滴覆盖率和油滴尺寸及其分布进行研究。首先,待采集的油滴形态稳定后,用光学显微镜对其进行拍摄,获得油滴分布图并计算图像中单个像素点的尺寸。其次,将图像导入 MATLAB 软件中,选取合适阈值对图像进行二值化处理以分割油滴和背景平面。二值图中,油滴覆盖区域以白色显示,未覆盖区域以黑色显示。然后,在 MATLAB 软件中对油滴区域编号并统计该区域内像素点数目,计算其实际面积。最后,求得油滴的总覆盖面积和覆盖率,并利用球冠体积公式和球体积公式推导出油滴三维直径,获得油滴尺寸及其分布规律。

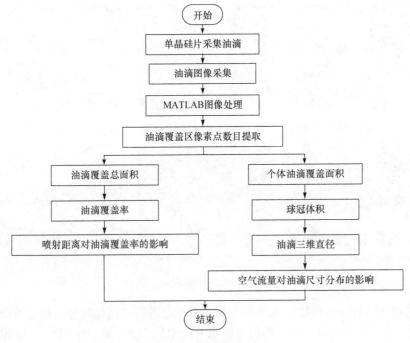

图 5-7　油滴分析流程

5.1.2　喷射距离对油滴覆盖率的影响

不同空气流量 Q_g 和喷射距离 L 条件下的油滴形状及尺寸如图 5-8 所示。由图可以看出,喷射距离为 150mm 时的大尺寸油滴数量明显多于喷射距离为 290mm 时的大尺寸油滴数量;并且绝大多数大油滴呈现出不规则的椭圆形。这说明当喷射距离为 150mm 时,较多的油滴发生了重叠或合并,原因在于当流线型的切削油剪切破碎成微小油滴后,在高速气流的带动下逐渐扩散,形成锥状雾炬。距离喷嘴较近处的油滴扩散不充分,单位空间内的油滴密度较高,滴落至平板并摊开后的油滴具有较大的二维直径,并且间距小的油滴更容易合并,导致大油滴的不规则形状；而距离喷嘴较远处的油滴扩散充分，合并现象有所减少，油滴二维形状多呈现规则的圆形。

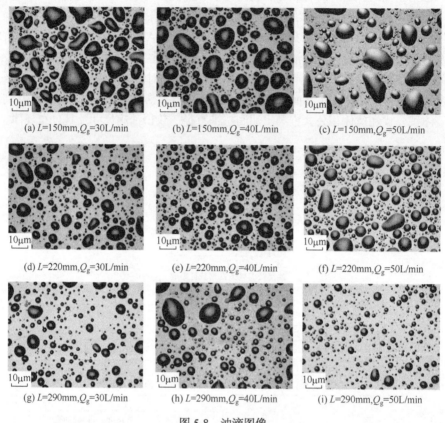

(a) L=150mm,Q_g=30L/min　　　(b) L=150mm,Q_g=40L/min　　　(c) L=150mm,Q_g=50L/min

(d) L=220mm,Q_g=30L/min　　　(e) L=220mm,Q_g=40L/min　　　(f) L=220mm,Q_g=50L/min

(g) L=290mm,Q_g=30L/min　　　(h) L=290mm,Q_g=40L/min　　　(i) L=290mm,Q_g=50L/min

图 5-8　油滴图像

利用 MATLAB 软件对图 5-8 中的油滴图像进行二值化处理，得出油滴形状及大小位图，如图 5-9 所示。为排除图像分辨率的干扰，对于面积小于 30 像素点 (1pix=0.1786μm×0.1786μm)，即直径小于 1μm 的区域予以忽略。利用图 5-9 可以统计每粒油滴所占用的像素点数目，进而计算出油滴面积，则油滴数量 N、油滴覆盖面积 A_o 和油滴覆盖率 a 如表 5-4 所示。

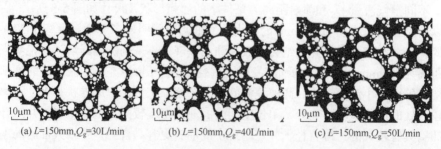

(a) L=150mm,Q_g=30L/min　　　(b) L=150mm,Q_g=40L/min　　　(c) L=150mm,Q_g=50L/min

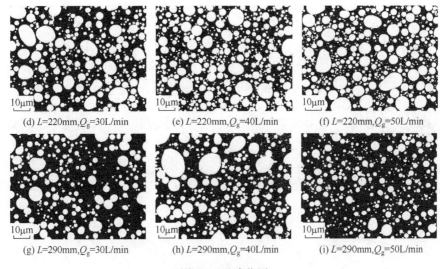

(d) L=220mm,Q_g=30L/min　　(e) L=220mm,Q_g=40L/min　　(f) L=220mm,Q_g=50L/min

(g) L=290mm,Q_g=30L/min　　(h) L=290mm,Q_g=40L/min　　(i) L=290mm,Q_g=50L/min

图 5-9　油滴位图

表 5-4　油滴统计数据

喷射距离 L/mm	空气流量 Q_g								
	30L/min			40L/min			50L/min		
	N	A_o/μm²	a/%	N	A_o/μm²	a/%	N	A_o/μm²	a/%
150	3784	855158	61.87	4937	805977	58.58	3616	727654	52.89
220	3245	655934	47.68	5017	637402	46.33	5765	617715	44.89
290	2174	465704	33.85	3150	434886	31.61	3973	445067	32.35

注：a 为油滴覆盖面积占单晶硅片总面积百分比，即油滴覆盖率；单晶硅片总面积为 1375787μm²。

由图 5-10 可知，随着喷射距离的增大，油滴覆盖面积减小，当空气流量为 30L/min、喷射距离为 150mm 时，覆盖率达到最大值 61.87%；当喷射距离从 150mm 增大到 290mm 时，覆盖率减小了 28%左右，这说明距离喷嘴越近，油滴的密度越高，有较多的油滴累积于平板表面。空气流量增加，油滴覆盖面积开始变小。较大的空气流量意味着较高的空气速度和湍流强度，导致雾炬扩散更快，范围更大，虽然较快的流动速度提高了湍流换热能力，但实际到达切削加工区的油滴数量反而减少，润滑效果有所降低，但其影响程度相对于距离来说要小很多。因此，缩短喷射距离有助于提高润滑效率。

5.1.3　空气流量对油滴尺寸分布的影响

对于微小油滴(尺寸在几微米到十几微米之间)，可将单晶硅表面上附着的油滴形状看成球冠(图 5-11)。

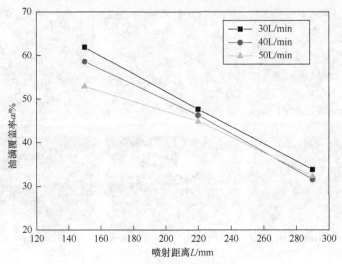

图 5-10　油滴覆盖率

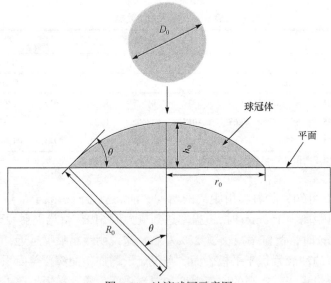

图 5-11　油滴球冠示意图

碰撞硅片后的球冠状油滴体积 V 为

$$V = \frac{\pi(3R_0 - h_0)h_0^2}{3} \tag{5-4}$$

式中，R_0 为球冠的半径(m)；h_0 为球冠高度(m)。

它们与接触角 θ 和球冠底面半径 r_0 的关系为

$$R_0 = \frac{r_0}{\sin\theta} \tag{5-5}$$

$$h_0 = \frac{r_0(1-\cos\theta)}{\sin\theta} \tag{5-6}$$

已知碰撞硅片前的球状油滴体积为

$$V = \frac{\pi D_o{}^3}{6} \tag{5-7}$$

式中，D_o 为油滴直径(m)。将式(5-4)～式(5-6)代入式(5-7)，可得油滴球体直径 D_o 与油滴球冠底面半径 r_0 之间的关系为

$$D_o = \sqrt[3]{\frac{3}{\tan\theta}\left(\frac{1}{\cos\theta}-1\right)\left[1+\frac{1}{3}\frac{1}{\tan^2\theta}\left(\frac{1}{\cos\theta}-1\right)^2\right]}r_0 \tag{5-8}$$

将测量出的接触角值 θ=17.99°代入式(5-8)，可得

$$D_o = 0.78 r_0 \tag{5-9}$$

借助表 5-4 和圆面积公式可求出油滴二维"等效"半径 r_0。在此基础上，利用式(5-9)可以求出油滴直径 D_o。选取重叠油滴较少的 290mm 处采集样本进行分析，得出不同空气流量下的油滴体积分布如图 5-12 所示。由图可以看出，随着空气流量的增大，油滴直径分布峰值左移，即油滴平均体积减小；并且空气流量越大，达到峰值直径的油滴所占的比例越高，说明雾化更加均匀。空气流量为 30L/min 的油滴直径峰值为 16μm 左右，该直径峰值所对应的油滴体积之和占到体积的 23.4%；空气流量为 40L/min 的油滴直径峰值为 14μm 左右，该直径峰值所对应的油滴体积之和占到总体积的 29.8%；空气流量为 50L/min 的油滴直径

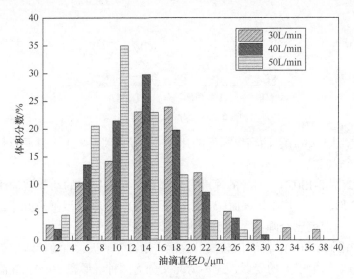

图 5-12　不同空气流量下的油滴体积分布

峰值为 10μm 左右，该直径峰值所对应的油滴体积之和占到总体积的 34.9%。这是因为速度更快的空气造成线状油膜表面更加剧烈的扰动和更强的剪切效果，所示油滴表面能不足以在一个相对较大的尺寸上维持其完整的形态，导致油滴进一步分裂为尺寸更小的油滴。

在相同切削油流量下，油滴体积越小表示其总体表面积越大，越容易受到常温压缩空气的冷却影响，使其黏度增大，更易于附着在切削加工区的刀具表面和工件表面。并且油滴尺寸的减小可增大切削油与工件和刀具之间的总接触面积，使得油滴和工件之间的换热效果得到增强，有利于吸收切削加工区的热量。从这一点来说，获得大量小尺寸的油滴有助于 MQL 冷却、润滑作用的发挥。需要说明的是，少量油滴的叠加使得大尺寸的油滴体积分数增加，导致测得的油滴三维直径比真实直径略微偏大；同时，少量油滴在滴落到单晶硅片表面时发生碎裂，导致出现更多小直径的油滴，因此体积分布图变得略显扁平。但这些现象并不会对油滴尺寸随空气流量的变化规律产生影响。油滴在碰撞平板过程中所发生的变化将在 5.1.4 节进行讨论。

5.1.4　微小油滴碰撞破裂特性分析

油滴以一定速度滴落到固体水平平面上通常会发生如图 5-13 所示的三种形态变化[97-101]。

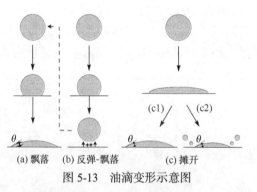

(a) 飘落　　(b) 反弹-飘落　　　(c) 摊开

图 5-13　油滴变形示意图

形态 1(图 5-13(a))：油滴以极低的速度"飘落"到平板上，与平板相遇后缓慢伸展开，形成球冠。

形态 2(图 5-13(b))：油滴的速度有所提高，碰撞损失的动能被油滴的形变吸收，油滴变形较小，并在其表面张力作用下保持"收缩"，反弹离开平面。待油滴再次落下，其速度已经降低，油滴会继续以形态 1 变形。

形态 3(图 5-13(c))：油滴以较高的速度"俯冲"平板，油滴接触平板后在惯性作用下摊开，发生很大的变形，这种情况又分为两种。形态 3(c1)：油滴的表面张力能够维持油滴不破碎，但不足以使油滴恢复到球形的状态，待其稳定后，油滴呈球冠形摊开；形态 3(c2)：油滴的速度过大，摊开面积过大，其表面张力不足以抗衡过度的形变，油滴发生破裂，产生若干小油滴。

因为形态 1(图 5-13(a))不会对油滴尺寸计算产生影响，所以下面的分析忽略这种情况。油滴与平板碰撞前，其运动能量 KE_1 和表面能量 SE_1 可分别用式(5-10)和式(5-11)表示：

$$KE_1 = \frac{\rho_o \pi D_o^3 v_o^2}{12} \tag{5-10}$$

$$SE_1 = \pi D_o^2 \sigma \tag{5-11}$$

式中，D_o 为碰撞前油滴直径(m)；v_o 为油滴速度(m/s)；σ 为油与空气界面之间的表面张力(N/m)。

当油滴在单晶硅片表面伸展到最大时，其运动能量 $KE=0$，表面能量 SE_2 可表示为

$$SE_2 = \frac{\pi D_{max}^2 \sigma (1 - \cos\theta)}{4} \tag{5-12}$$

式中，D_{max} 为油滴伸展到最大面积时的直径(m)。

在这一过程中，油滴为了抵抗其自身的黏性而做的功 W 为

$$W = \frac{\pi \rho_o v_o^2 D_o D_{max}}{3\sqrt{Re}} \tag{5-13}$$

式中，Re 为油滴的雷诺数：

$$Re = \frac{\rho_o v_o D_o}{\mu_o} \tag{5-14}$$

其中，μ_o 为切削油的动力黏度(Pa·s)。

由能量守恒定律可知，$KE_1 + SE_1 = SE_2 + W$，将式(5-10)～式(5-13)代入其中可得

$$\xi_{max} = \frac{D_{max}}{D_o} = \sqrt{\frac{We + 12}{3(1 - \cos\theta) + 4\left(\dfrac{We}{\sqrt{Re}}\right)}} \tag{5-15}$$

式中，ξ_{max} 为油滴延展开后最大直径与未变形前直径之比；We 为油滴的韦伯数：

$$We = \frac{\rho_o v_o^2 D_o}{\sigma} \tag{5-16}$$

研究表明[99]，当 $SE_2 > W$ 时，油滴反弹，形态 2 发生；当 $SE_2 < W$ 时，油滴在平面铺展开，形态 3 发生。需要指出的是，形态 2 下的 D_{max} 要小于形态 3 下的 D_{max}。分别将 SE_2 和 W 除以油滴总能量进行归一化并将式(5-14)和式(5-16)代入，得

$$\psi_{SE_2} = \frac{SE_2}{SE_1 + KE_1} = \frac{3(1-\cos\theta)\sigma\sqrt{\rho_o v_o D_o}}{3(1-\cos\theta)\sigma\sqrt{\rho_o v_o D_o} + 4\rho_o v_o^2 D_o\sqrt{\mu_o}} \tag{5-17}$$

$$\psi_W = \frac{W}{SE_1 + KE_1} = \frac{4\rho_o v_o^2 D_o\sqrt{\mu_o}}{3(1-\cos\theta)\sigma\sqrt{\rho_o v_o D_o} + 4\rho_o v_o^2 D_o\sqrt{\mu_o}} \tag{5-18}$$

可以看出，随着速度的增加，归一化后的油滴表面能量减小，抵抗其自身黏性而做的功增大；当黏度和表面张力确定后，油滴是否反弹只与其初始速度、直径和接触角有关；低速油滴可能发生反弹，而高速油滴更容易在平面上摊开。

当油滴速度更大时，摊开后的液滴发生破裂，环绕其圆周产生了"指状"液柱[99]。Allen 认为液滴与空气界面的 Rayleigh-Taylor 不稳定波动导致了"指状"液柱的形成。而油滴圆周上不稳定波的数目，即指状液柱的数目 N 为[102]

$$N = \xi_{max}\sqrt{\frac{We}{12}} \tag{5-19}$$

将式(5-15)代入式(5-19)，可得

$$N = \sqrt{\frac{We}{12}\frac{We+12}{3(1-\cos\theta)+4\left(\frac{We}{\sqrt{Re}}\right)}} \tag{5-20}$$

使用的 Bescut 173 切削油的密度为 ρ_o=950kg/m³，与空气界面间的表面张力 σ=0.029N/m，动力黏度 μ_o=0.038 kg/(m · s)。经计算，不同油滴尺寸下，N 随油滴速度 v_o 的变化如图 5-14 所示。理论分析中，N 取整数，假设当 $N \geqslant 2$ 时，油滴发生碎裂，则不同尺寸油滴的碎裂的临界速度如表 5-5 所示。

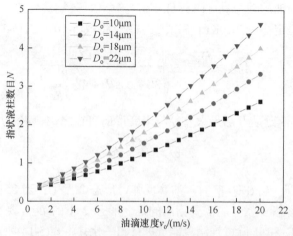

图 5-14　指状液柱数目随油滴速度变化规律图

表 5-5　不同尺寸油滴碎裂的临界速度

油滴直径/μm	10	14	18	22
临界速度/(m/s)	15.73	12.88	11.02	9.77

由表 5-5 可以看出，油滴直径越小，使其碎裂所需的速度越大；油滴直径越大，越容易碎裂。结合图 5-4 中的风速测量结果和图 5-12 中的油滴体积分布统计结果，可以推断在距离喷嘴 150mm 处，油滴经过空气的加速作用，绝大部分在与单晶硅片碰撞后发生碎裂；在距离喷嘴 290mm 处，有部分油滴与单晶硅片碰撞后发生碎裂。综上所述，减小喷雾距离、提高油滴的运动速度可以促使油滴碎裂，获得更多小体积油滴，进而提高切削油和刀具之间的换热效率，并增加切削油的覆盖率，有利于形成更均匀的润滑油膜。

5.2　CMQL 流体动力学特性分析

5.2.1　流体动力学特性仿真模型

1. 控制方程及离散相模型

流体力学的基本控制方程包括连续性方程、动量方程和能量方程。按照质量守恒定律，单位时间内流出控制体的流体质量总和等于单位时间内控制体内因密度减小而流失的质量，流体流动连续性方程的微分形式为

$$\frac{\partial \rho}{\partial t} + \frac{\partial(\rho v_x)}{\partial x} + \frac{\partial(\rho v_y)}{\partial y} + \frac{\partial(\rho v_z)}{\partial z} = 0 \tag{5-21}$$

式中，v_x、v_y、v_z 分别为 x、y、z 方向的速度分量(m/s)；ρ 为流体密度(kg/m³)。

x、y、z 三个方向的动量方程为

$$\begin{cases} \dfrac{\partial(\rho v_x)}{\partial t} + \nabla \cdot (\rho v_x v) = -\dfrac{\partial p}{\partial x} + \dfrac{\partial \tau_{xx}}{\partial x} + \dfrac{\partial \tau_{yx}}{\partial y} + \dfrac{\partial \tau_{zx}}{\partial z} + \rho a_x \\[2mm] \dfrac{\partial(\rho v_y)}{\partial t} + \nabla \cdot (\rho v_y v) = -\dfrac{\partial p}{\partial y} + \dfrac{\partial \tau_{xy}}{\partial x} + \dfrac{\partial \tau_{yy}}{\partial y} + \dfrac{\partial \tau_{zy}}{\partial z} + \rho a_y \\[2mm] \dfrac{\partial(\rho v_z)}{\partial t} + \nabla \cdot (\rho v_z v) = -\dfrac{\partial p}{\partial z} + \dfrac{\partial \tau_{xz}}{\partial x} + \dfrac{\partial \tau_{yz}}{\partial y} + \dfrac{\partial \tau_{zz}}{\partial z} + \rho a_z \end{cases} \tag{5-22}$$

式中，p 为压强(Pa)；v 为流体相的速度(m/s)；τ_{xx}、τ_{yy}、τ_{zz} 等为作用在微元体表面的黏性应力 τ 的分量(Pa)；a_x、a_y、a_z 为三个方向上的加速度(m/s²)。

流体力学的能量方程基于能量守恒定律，其表达式如下：

$$\frac{\partial(\rho E_{\mathrm{t}})}{\partial t} + \nabla \cdot \left[v(\rho E_{\mathrm{t}} + p)\right] = \nabla \cdot \left[k_{\mathrm{eff}}\nabla T - \sum_j h_j J_j + (\tau_{\mathrm{eff}} \cdot v)\right] + S_{\mathrm{h}} \qquad (5\text{-}23)$$

式中，E_{t} 为流体微元总能(J/kg)；k_{eff} 为有效导热系数(W/(m·K))；J_j 为组分 j 的扩散通量；S_{h} 为包含化学反应热和其他自定义的热源项。

在计算流体力学软件 Fluent 中，如果研究的对象是超过一种成分的多相流动，那么可以用欧拉多相流模型对其进行研究。然而，当研究的对象是喷雾剂形态、颗粒分离这类有一相的体积分数远小于另一相的体积分数时，欧拉多相流方法已不适于对颗粒轨迹的追踪，此时应采用离散相模型(discrete phase model，DPM)，用欧拉法计算连续流体的运动，用拉格朗日法计算离散颗粒的运动。

离散相模型中，空气作为连续相，其体积分数大于 90%。离散相选择 Bescut 173 可降解性植物基切削油，它的物理特性见表 5-2，其体积分数小于 10%。颗粒间的相互作用以及颗粒对连续相的影响均可以忽略。通过对拉格朗日坐标系下单个油滴受力的微分方程进行积分来对油滴运行轨迹进行追踪。液滴受力平衡方程为

$$m_{\mathrm{o}}\frac{\mathrm{d}v_{\mathrm{o}}}{\mathrm{d}t} = m_{\mathrm{o}}\frac{v_{\mathrm{g}} - v_{\mathrm{o}}}{\tau_{\mathrm{r}}} + m_{\mathrm{o}}\frac{g(\rho_{\mathrm{o}} - \rho_{\mathrm{g}})}{\rho_{\mathrm{o}}} + F_{\mathrm{o}} \qquad (5\text{-}24)$$

式中，ρ_{g} 为空气的密度(kg/m³)；F_{o} 为油滴受到的附加作用力(N)；$m_{\mathrm{o}}\dfrac{v_{\mathrm{g}} - v_{\mathrm{o}}}{\tau_{\mathrm{r}}}$ 为油滴受到的曳力(N)；v_{g} 为空气的速度(m/s)；τ_{r} 为油滴松弛时间[103]，计算公式为

$$\tau_{\mathrm{r}} = \frac{\rho_{\mathrm{o}}D_{\mathrm{o}}^2}{18\mu_{\mathrm{g}}}\frac{24}{C_{\mathrm{d}}Re'} \qquad (5\text{-}25)$$

式中，μ_{g} 为空气的动力黏度(Pa·s)；C_{d} 为曳力系数，计算公式为

$$C_{\mathrm{d}} = a_1 + \frac{a_2}{Re} + \frac{a_3}{Re^2} \qquad (5\text{-}26)$$

a_1、a_2、a_3 为常数，适用于 Moris 和 Alexander[104]给出的几个范围；Re' 为相对雷诺数，计算公式为

$$Re' = \frac{\rho_{\mathrm{g}}D_{\mathrm{o}}(v_{\mathrm{o}} - v_{\mathrm{g}})}{\mu_{\mathrm{g}}} \qquad (5\text{-}27)$$

当流动状态为湍流时，可将 v_{g} 看作空气的时均速度(湍流的瞬时速度的时间平均值)进行计算。

利用空气辅助雾化模型(air-assist-atomizer)模拟切削油的雾化。空气辅助雾化模型适合空气和油滴在喷嘴外部混合的情况，与 5.1 节采用的喷嘴雾化原理相同。雾化过程中，切削油经过喷嘴后形成线状液膜，当外部气流穿过液膜时，液膜的

不稳定程度加剧，导致大尺寸油滴发生破裂并在自身张力作用下"团聚"成微小油滴。这种雾化模型产生的液滴尺寸更小，并且液滴变得更加分散，减小了相互之间碰撞合并的概率，使雾化效果得到提高。

2. 计算域模型建立及网格划分

雾化效果受到喷嘴尺寸影响，为了精确地模拟实际喷雾过程，确定计算域中油、气入口的相对位置，利用显微测量设备(Dino-Lite, AM413ZT, 中国台湾, AnMo Electronics Corporation 公司)对喷嘴几何尺寸进行测量。喷嘴尺寸测量结果如图 5-15 所示。该喷嘴的流体通道主要由环形气孔和中心油孔组成。经计算，喷嘴环形气孔截面积为 $A=1.374\text{mm}^2$。

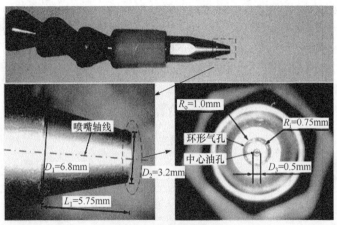

图 5-15　喷嘴几何尺寸

由于喷嘴具有旋转对称结构，为简化模型和缩短计算时间，在保证计算精度的条件下，不改变气体出口相对位置及截面积，建立圆心角为 60°、高为 300mm、顶面半径为 70mm、底面半径为 150mm 的扇柱形计算空间，如图 5-16 所示。

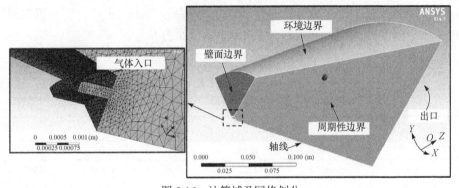

图 5-16　计算域及网格划分

利用 ANSYS Workbench 中的 Mesh 模块划分网格，采用适应复杂几何形状的四面体非结构网格，并在靠近气体喷口处对网格进行局部加密。网格总节点数为39867，单元数为 207666，经检测网格质量良好。由于计算域两侧面采用旋转周期性边界条件，所以只对实际流场中六分之一的空间进行模拟就可得到整个流场中油-气混合物的分布情况。

3. 边界条件及求解方法设置

Fluent 软件求解稳态离散相问题的顺序如下：①对流场中的连续相进行求解，待结果收敛后再向流场中添加离散相喷射源；②求解耦合流动；③利用软件后处理功能对数据进行提取和分析。

对稳态离散相问题进行求解前，需要确定气体入口的边界条件。空气和切削油入口均采用质量流速入口边界条件，因为计算域为实际空间的六分之一，所以空气和切削油质量均按照实际质量的六分之一进行设定。由于空气密度受温度影响较大，所以不同温度下相同体积的空气质量并不相同。表 5-6 列出了 253K、263K、273K、283K、293K 五种温度下入口处的空气质量流速。空气质量流速(单位为 kg/s)是由空气流量(单位为 L/min)换算而来的。

表 5-6　不同温度下的空气质量流速　　　　　(单位：kg/s)

空气流量 Q_g/(L/min)	温度				
	253K	263K	273K	283K	293K
30	6.98×10^{-4}	6.71×10^{-4}	6.47×10^{-4}	6.24×10^{-4}	6.03×10^{-4}
40	9.31×10^{-4}	8.95×10^{-4}	8.62×10^{-4}	8.32×10^{-4}	8.03×10^{-4}
50	1.16×10^{-3}	1.12×10^{-3}	1.08×10^{-3}	1.04×10^{-3}	1.00×10^{-3}
60	1.40×10^{-3}	1.34×10^{-3}	1.29×10^{-3}	1.25×10^{-3}	1.21×10^{-3}
70	1.63×10^{-3}	1.57×10^{-3}	1.51×10^{-3}	1.46×10^{-3}	1.41×10^{-3}

空气入口的水力直径 $d_o=2(R_o-R_i)=0.0005\text{m}$，湍流强度 I_g 可由式(5-28)和式(5-14)求出，如表 5-7 所示。流场出口边界条件设为压力出口，压力值为表压0Pa。出口温度为300K，湍流强度为5%，黏度比为5。

$$I_g = \frac{0.16}{\sqrt[8]{Re}} \tag{5-28}$$

表 5-7　不同温度下空气入口的湍流强度

空气流量 Q_g/(L/min)	温度				
	253K	263K	273K	283K	293K
30	4.781	4.823	4.864	4.904	4.942
40	4.612	4.653	4.693	4.730	4.768

续表

空气流量	温度				
Q_g/(L/min)	253K	263K	273K	283K	293K
50	4.485	4.525	4.563	4.600	4.637
60	4.384	4.423	4.461	4.497	4.532
70	4.301	4.339	4.376	4.411	4.446

　　求解方法采用稳态压力基求解器，忽略重力的影响。湍流模型选择 Realizable K-epsilon 模型，开启能量方程；采用耦合(coupled)算法、二阶迎风(second order upwind)格式，并激活 Pseudo Transient 功能；用 Hybrid Initialization 方法对流场进行初始化，对于复杂的几何结构，Hybrid Initialization 方法相比于 Standard Initialization 可以提供更好的初始速度场和压力场，有利于提高求解的收敛性；将离散相的颗粒时间步长设置为 1×10^{-5}s，选择 Dynamic-drag 选项。

　　空气辅助雾化模型中，不需要考虑喷嘴内部流场情况，并假设切削油初始速度为 0。离散相参数设置如下：颗粒类型选择惰性(inert)颗粒，即油滴可受到力的平衡和加热/冷却作用，不可蒸发、燃烧；设置初始方位角为 0°，终止方位角为 60°，将喷射源限制在扇柱计算域内；油孔外径根据喷嘴结构设置为 0.0005m，内径为 0；颗粒流数量设为 60；将初始喷射时间设为 0，结束时间统一设定为 100s，以保证流场中油滴扩散充分；其余参数保持默认值。

　　连续相求解过程中，当残差值下降至少三个数量级，且入口和出口间的质量流速相差小于总空气流量的 1%时，可视为达到收敛标准，流场已处于稳定状态。为验证网格划分对流场没有影响，这里比较了空气流量为 30L/min、空气温度为 263K 时三种不同网格节点数下的下游流场的空气速度(图 5-17)。由图可以看出，

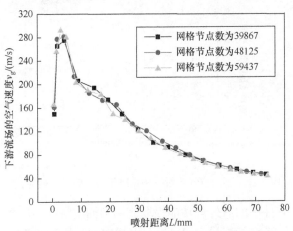

图 5-17　不同网格节点数下的下游流场的空气速度

网格节点数目的增大没有引起流场速度明显的变化，说明网格节点数为 39867 时已经达到了网格无关性的要求。

离散相求解时，对计算域内油滴的质量分数进行监测，当油滴全局质量分数不再增加时，说明油滴已在流场中扩散充分，此时终止求解。

5.2.2　流体动力学特性仿真模型验证

利用 5.2.1 节计算出的入口参数，在切削油流量为 0.20g/min、空气温度为 293K 的条件下，分别对空气流量为 30L/min、40L/min、50L/min 的油-气混合物流场进行仿真，并与 5.1 节的实验结果进行比较，以验证仿真模型的有效性。喷嘴轴线上不同位置处下游流场的空气速度的对比结果如图 5-18 所示。由图可以看出，三种空气流量下的实验测量结果均略微小于仿真结果，差异可能是由管路气密性造成的，但总体变化趋势一致，说明仿真模型对连续相的模拟具有较高的准确性。

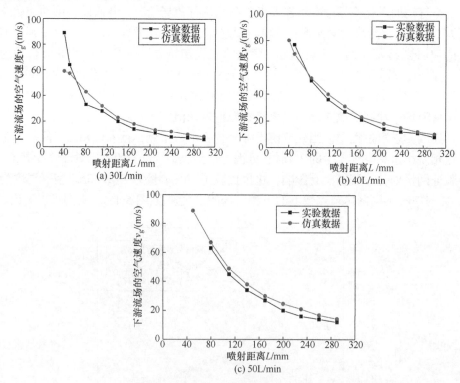

图 5-18　不同空气流量下仿真结果与实验结果的对比

利用 Fluent 软件中的后处理功能提取流场中油滴颗粒的尺寸、速度、温度及空间位置等信息，当空气流量为 30L/min、切削油流量为 0.2g/min、空气温度为

293K 时，随机选取流场中的部分油滴，它们沿喷嘴轴向的速度分量和垂直喷嘴轴向的速度分量分布如图 5-19 所示。从图 5-19(a)可以看出，随着喷射距离的增加，油滴沿喷嘴轴向速度降低，在 250mm 后速度不再明显变化，平均速度为 6.36m/s；从图 5-19(b)可以看出，喷射距离的增加对油滴垂直喷嘴轴向的速度分量没有影响，其算术平均值为 0.58m/s。

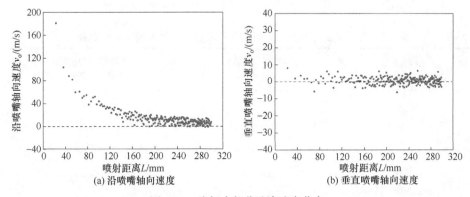

(a) 沿喷嘴轴向速度　　　　　　　　(b) 垂直喷嘴轴向速度

图 5-19　流场中部分油滴速度分布

　　油滴尺寸分布的实验结果和仿真结果对比如图 5-20 所示。由图可以看出，两者相差较大。仿真得到的油滴尺寸分布比较集中，为 10~22μm，均匀程度较高；而实验中利用单晶硅片采集的油滴尺寸分布比较分散，大油滴(>22μm)和小油滴(<10μm)的体积分数均超过仿真结果，图像变得扁平化。这是因为油滴的采集要经过一定时间，这期间油滴与单晶硅片碰撞后，会发生重叠和破碎现象，导致油滴的尺寸和数量均发生变化。因此，需要考虑油滴的重叠和破碎对统计结果的影响。

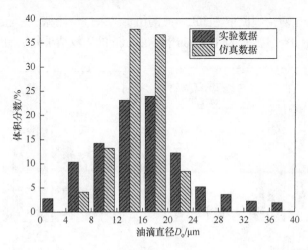

图 5-20　油滴尺寸分布的实验结果和仿真结果对比(30L/min，0.2g/min，293K)

　　采用平板收集油滴时会发生两种情况：①油滴在平面伸展开后，若两个距离较近的油滴之间的中心距小于其二维半径之和，则发生叠加，融合成形状不规则的较大油滴；②若油滴速度超过其临界破碎速度，则油滴撞击单晶硅片后破碎，分裂成若干较小油滴。假设对于同一个油滴，重叠和破碎不会同时发生。利用仿真模型中提取的油滴在计算域中的坐标、速度和直径等信息，结合式(5-20)计算出不同尺寸油滴因重叠和破碎导致的体积分数变化，如表 5-8 所示。

表 5-8　空气流量为 30L/min 时重叠和破碎引起的油滴体积分数变化

油滴直径 D_o/μm	因重叠改变的油滴 体积分数/%	因破碎改变的油滴 体积分数/%
0～4	−0.0015	0.0665
4～8	−0.1389	4.4334
8～12	−2.7568	2.9834
12～16	−8.9869	−1.4528
16～20	−7.6615	−4.4334
20～24	2.7726	−1.5991
24～28	6.4480	0
28～32	9.6088	0
32～36	3.8673	0
36～40	0.7822	0

　　利用上述理论对空气流量为 30L/min 的仿真结果进行计算，并与实验结果对比，如图 5-21(a)所示；空气流量为 40L/min 和 50L/min 的比较结果分别如图 5-21(b)和(c)

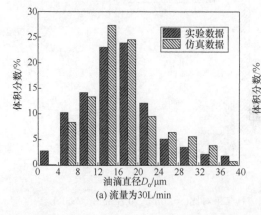

(a) 流量为30L/min

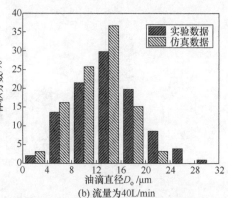

(b) 流量为40L/min

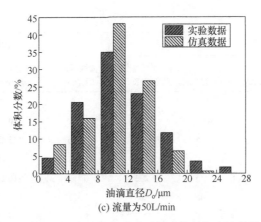

(c) 流量为50L/min

图 5-21　考虑到油滴重叠和破碎后仿真结果与实验结果的对比

所示。由图可以看出，将油滴在单晶硅片表面的重叠和破碎现象计算进去后，仿真结果与实验结果较为吻合。在峰值附近，实验结果略小于仿真结果，峰值两侧则正好相反，造成这种现象的原因可能是管路气密性不足或者气源供气量不稳定，导致实际参与雾化作用的空气量略小于理论计算中的空气流量，使得油滴分布的均匀程度降低，图像相对变得扁平化；而忽略油滴垂直于喷嘴方向的速度也引起了计算误差。但仿真数据与实验数据变化趋势相同，依然能够反映流场特性随雾化参数的变化规律，证明了仿真模型的正确性。

5.2.3　CMQL 雾化参数优化

1. CMQL 雾化参数效应分析

设计以空气流量、切削油流量、空气温度为因素的三因素五水平的仿真分析方案，因素和水平如表 5-9 所示，方案设计如表 5-10 所示。以距喷口 30～50mm 区间内的油滴平均直径、油滴平均速度和油滴平均温度为评价指标。根据分析结果，对 CMQL 流场的雾化参数进行优化。

表 5-9　仿真方案的因素和水平表

仿真因素	水平				
	1	2	3	4	5
空气流量 Q_g/(L/min)	30	40	50	60	70
切削油流量 Q_o/(g/min)	0.45	0.90	1.35	1.80	2.25
空气温度 T_g/K	253	263	273	283	293

表 5-10　　L₂₅ (5³)正交仿真方案设计

仿真序号	设计变量			评价指标		
	空气流量 Q_g/(L/min)	切削油流量 Q_o/(g/min)	空气温度 T_g/K	油滴直径 D_o/μm	油滴速度 v_o/(m/s)	油滴温度 T_o/K
1	30	0.45	253	12.9	135.2	284.4
2	30	0.90	263	13.31	130.67	287.76
3	30	1.35	273	12.96	125.42	291.02
4	30	1.80	283	12.83	119.16	294.38
5	30	2.25	293	12.8	116.23	297.63
6	40	0.45	263	8.329	163.74	286.33
7	40	0.90	273	13.25	134.08	294.76
8	40	1.35	283	8.242	150.62	293.77
9	40	1.80	293	8.336	146.59	297.46
10	40	2.25	253	8.186	167.83	282.91
11	50	0.45	273	11.45	190.43	291.47
12	50	0.90	283	11.84	184.7	294.57
13	50	1.35	293	11.5	180.76	297.73
14	50	1.80	253	11.1	203.66	285.22
15	50	2.25	263	11.3	198.17	288.22
16	60	0.45	283	9.779	188.32	296.05
17	60	0.90	293	10.27	177.77	298.41
18	60	1.35	253	7.158	191.38	288.94
19	60	1.80	263	7.873	192.94	291.27
20	60	2.25	273	9.012	187.11	293.8
21	70	0.45	293	4.325	221.87	297.51
22	70	0.90	253	4.192	249.68	283.58
23	70	1.35	263	4.223	236.9	287.13
24	70	1.80	273	4.314	236.35	290.45
25	70	2.25	283	4.329	227.71	294.03

　　图 5-22 为第 22 组参数下油滴直径、油滴速度和油滴温度的分布。由图可以看出，切削油在喷嘴附近空气流速大的区域被撕裂成微小油滴，随后有部分油滴在空中融合，直径变大；体积大的油滴多聚集在喷嘴轴线附近，体积较小的油滴则分散在雾炬外围，大油滴意味着较大的质量和较大的惯性，被气流加速后可长时间保持沿喷嘴轴向的运动；而小油滴易受到湍流扰动的影响失去速度，飘散至雾化流场边缘。油滴的速度也随着与喷嘴距离的增加而降低，距喷嘴较远处垂直于轴线向外的方向上，油滴速度逐渐减小。常温状态的切削油经喷嘴喷出后，受

到低温空气的冷却作用温度降低，而低温空气从离开喷嘴之时就开始与环境大气交换热量，随着喷射距离的增加，空气温度逐渐高于油滴温度，油滴开始吸收热量，温度升高。因此，油滴的温度变化沿喷嘴轴线方向呈先下降后升高的趋势，并且距喷嘴轴线越远处吸收的热量越多，雾炬末端油滴温度已经与环境相同。

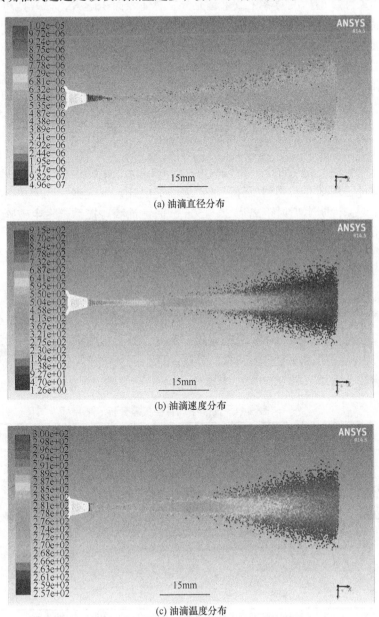

图 5-22　油滴流场特性分布(第 22 组仿真)

2. CMQL 雾化参数优化

表 5-11～表 5-13 分别为雾化参数对 CMQL 流场特性影响规律的极差分析结果；图 5-23～图 5-25 分别为各个因素对油滴特性影响的主效应图。由前面分析可知，油滴尺寸越小，说明雾化效果越充分，总体表面积越大，在刀具和工件表面形成的润滑油膜就越均匀，换热效率就越高。从表 5-11 和图 5-23 可以看出，各参数对油滴尺寸的影响程度次序为空气流量>切削油流量>空气温度。随着空气流量从 30L/min 增大到 70L/min，油滴平均直径从 12.96μm 下降到 4.28μm，而切削油流量和空气温度对油滴尺寸的影响并不明显。

从表 5-12 和图 5-24 可以看出，各参数对油滴平均速度的影响程度次序为空气流量>空气温度>切削油流量。空气流量越大，油滴速度越快；空气温度越高，油滴速度越慢。因为相同体积的空气，温度越高其质量越小，导致实际空气速度变小。但在当前实验条件下，油滴尺寸为 4～14μm，油滴速度最小为 116.23m/s，已显著超过了油滴在刀具和工件已加工表面铺展开且"泼溅"产生"指状"液柱的临界速度，说明当喷射距离为 30～50mm 时，油滴碰撞后会发生破碎，分裂成若干更小油滴。

由表 5-13 和图 5-25 可以看出，各参数对油滴温度的影响程度次序为空气温度>空气流量>切削油流量。空气温度越高，油滴的温度也升高。低温空气将油滴冷却，使油滴黏度变大，导致更多的油滴更易于附着在刀具和工件表面，形成稳定的润滑油膜进而减小切削力。而更小的切削力意味着产生的切削热更少，因此得以延长刀具寿命，提高加工表面质量。此外，低温切削油与刀具之间温度梯度增大，可以从切削区吸走更多热量。分析发现，空气流量和切削油流量对油滴温度的影响并不明显。

表 5-11　油滴平均直径极差分析

实验参数	空气流量	切削油流量	空气温度
均值 1	12.96	9.36	8.71
均值 2	9.27	10.57	9.01
均值 3	11.44	8.82	10.20
均值 4	8.82	8.89	9.40
均值 5	4.28	9.13	9.45
极差	8.68	1.75	1.49

注：各参数对油滴平均直径的影响程度次序为空气流量>切削油流量>空气温度。表中数值为油滴平均直径(μm)。

表 5-12　油滴平均速度极差分析

实验参数	空气流量	切削油流量	空气温度
均值 1	125.34	179.91	189.55
均值 2	152.57	175.38	184.48
均值 3	191.54	177.02	174.68
均值 4	187.50	179.74	174.10
均值 5	234.50	179.41	168.64
极差	109.16	4.53	20.91

注：各参数对油滴平均速度的影响程度次序为空气流量>空气温度>切削油流量。表中数值为油滴平均速度(m/s)。

表 5-13　油滴平均温度极差分析

实验参数	空气流量	切削油流量	空气温度
均值 1	291.04	291.15	285.01
均值 2	291.05	291.82	288.14
均值 3	291.44	291.72	292.30
均值 4	293.69	291.76	294.56
均值 5	290.54	291.32	297.75
极差	3.15	0.67	12.65

注：各参数对油滴平均温度的影响程度次序为空气温度>空气流量>切削油流量。表中数值为油滴平均温度(K)。

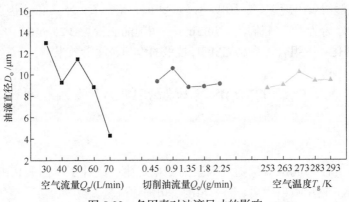

图 5-23　各因素对油滴尺寸的影响

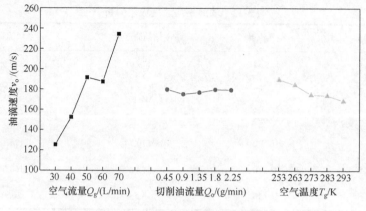

图 5-24　各因素对油滴速度的影响

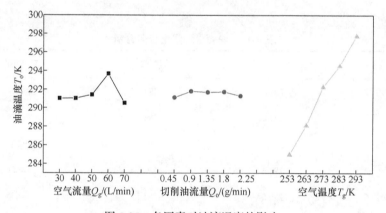

图 5-25　各因素对油滴温度的影响

　　在三种评价指标中，切削油流量的影响都不显著，从经济性的角度来说，越少的切削油使用越有利，但是切削油流量越大，流场中的油滴密度就越高，所带来的换热、润滑效果就越好，所以建议切削油流量选择 2.25g/min。因此，CMQL的最优参数组合为：空气流量为 70L/min，切削油流量为 2.25g/min，空气温度为253K，该雾化参数组合可提高 CMQL 技术的冷却、润滑效果。

5.3　CMQL 参数对切削力的影响

5.3.1　实验设计

　　为了研究冷却润滑效果随各因素的变化规律，设计了单因素切削实验。如表 5-14 所示，选用喷射距离、喷射角度、切削油流量、空气流量和空气温度作为实验因素，每个实验因素设定 5 个水平值，分别用"2"、"1"、"0"、"–1"和"–2"

表示。表 5-15 中每一行代表一组切削实验，一共 25 组，其中第 3、8、13、18、23 组的实验参数相同，因此最终共进行 21 组切削实验。

表 5-14　后刀面进油雾的单因素实验因素/水平表

因素	水平				
	2	1	0	−1	−2
A—喷射距离 L/mm	30	40	50	60	70
B—喷射角度 α/(°)	15	30	45	60	75
C—切削油流量 Q_o/(mL/h)	0.48	5.45	15.28	32.24	80.03
D—空气流量 Q_g/(L/min)	300	350	400	450	500
E—空气温度 T_g /K	248	253	258	263	268

表 5-15　单因素仿真实验矩阵

实验序号	A	B	C	D	E
1	2	0	0	0	0
2	1	0	0	0	0
3	0	0	0	0	0
4	−1	0	0	0	0
5	−2	0	0	0	0
6	0	2	0	0	0
7	0	1	0	0	0
8	0	0	0	0	0
9	0	−1	0	0	0
10	0	−2	0	0	0
11	0	0	2	0	0
12	0	0	1	0	0
13	0	0	0	0	0
14	0	0	−1	0	0
15	0	0	−2	0	0
16	0	0	0	2	0
17	0	0	0	1	0
18	0	0	0	0	0
19	0	0	0	−1	0
20	0	0	0	−2	0
21	0	0	0	0	2
22	0	0	0	0	1
23	0	0	0	0	0
24	0	0	0	0	−1
25	0	0	0	0	−2

采用 H13 模具钢作为工件材料，机床为三轴铣削加工中心，刀具为瑞典山高公司提供的可转位铣刀刀柄和细晶粒涂层硬质合金刀片。为了减小刀具磨损对实验结果的影响，每进行六组实验更换一次刀片，实验后利用手持式显微镜观察测量刀片磨损情况，发现每个刀片切削了六组实验后没有明显的刀具磨损。因此，不考虑刀具磨损量对实验结果的影响。

5.3.2　刀具-切屑摩擦系数

由于实验采用的刀具轴向前角很小，刀具的切削过程可以近似为正交切削，所以可以根据刀具受到的切削力来计算刀具前刀面的平均摩擦系数。利用测力仪获取工件坐标系下的切削分力 F_x、F_y，计算摩擦系数时要转换为刀具坐标系下的法向力 F_r 和切向力 F_t(图 5-26)。在 x-y 平面内，利用式(5-29)可将切削力 F_x、F_y 变换为水平切削力 F_r 和吃刀抗力 F_t：

$$\begin{bmatrix} F_r \\ F_t \end{bmatrix} = \begin{bmatrix} \sin(\varphi_j - \omega t) & -\cos(\varphi_j - \omega t) \\ \cos(\varphi_j - \omega t) & \sin(\varphi_j - \omega t) \end{bmatrix} \begin{bmatrix} F_x \\ F_y \end{bmatrix} \tag{5-29}$$

式中，φ_j 为切入角；ω 为角速度；t 为切削时间。

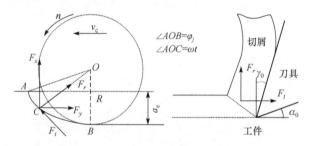

图 5-26　切削力的坐标变换

因此，刀具-切屑之间的平均摩擦系数 μ 可表示为

$$\mu = \tan(\gamma_0 + \arctan(F_r / F_t)) \tag{5-30}$$

式中，μ 为平均摩擦系数；γ_0 为刀具前角。

利用干式、MQL、CMQL 切削条件下的切削力测量值、转化值来计算摩擦系数，如图 5-27～图 5-29 所示。

对图 5-27～图 5-29 中的摩擦系数进行计算可得干式、MQL 及 CMQL 切削条件下的刀具-切屑平均摩擦系数分别为 0.557、0.535 和 0.477，CMQL 的润滑作用最好。对比图 5-27～图 5-29，随着刀具切入角度的增加和未变形切屑厚度的减小，三种切削方式下的摩擦系数都增加，干式切削增加趋势最为剧烈，其次为 MQL 切削，CMQL 切削下的摩擦系数增幅最小。MQL 切削和干式切削下的摩擦系数在

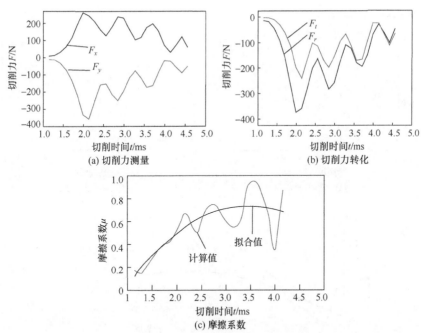

图 5-27 干式切削条件下的切削力测量、转化及平均摩擦系数计算

(v_c=150m/min, f_z=0.08mm, a_p=2mm, a_e=0.5mm)

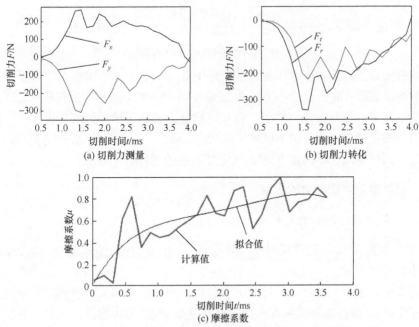

图 5-28 MQL 切削条件下的切削力测量、转化及平均摩擦系数计算

(v_c=150m/min, f_z=0.08mm, a_p=2mm, a_e=0.5mm)

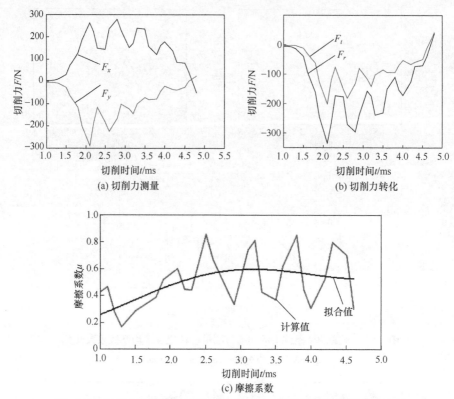

图 5-29　CMQL 切削条件下的切削力测量、转化及平均摩擦系数计算

(v_c=150m/min, f_z=0.08mm, a_p=2mm, a_e=0.5mm)

后半段较大, 这说明随着刀具表面温度的升高, MQL 方式很难在切削过程中提供有效的润滑效果; 而低温油-气混合物能够在切削的整个过程中发挥作用, 这是由于低温空气具有更好的冷却效果, 在一定程度上抑制了微小油滴的挥发, 可以形成有效的润滑油膜, 改善切削区的摩擦状态。总之, 刀-屑摩擦系数随着刀具切入角度的不同而不同, CMQL 能够抑制摩擦系数的增加。

5.3.3　喷射参数对切削力的影响

1. 喷射距离对切削力的影响

由图 5-30 可知, 随着喷射距离的增加, x 和 y 方向上的切削力 F_x、F_y 均增加, 其中 F_x 变化最大。这是因为随着喷射距离的增加, 空气和微小油滴到达刀尖附近的流量和速度均减小。从冷却方面分析, 喷射距离越大, 喷到刀尖附近的油-气混合物温度越高即刀尖和混合物的温差越小, 并且刀尖附近的混合物流量也减小。根据牛顿换热公式, 对流换热量与对流换热面积、温度差成正比, 随着距离的增加, 低温空气对刀具的冷却效果减弱; 从润滑方面分析, 喷射距离增大, 喷到刀尖附近的油滴的质量分数会稍微下降，并且温差变大，会影响微小油滴在刀尖区域的黏附质量和油滴数量，从而减弱润滑作用。

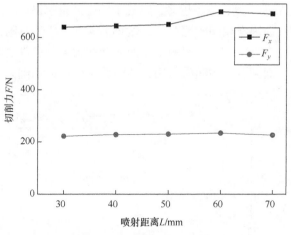

图 5-30　喷射距离对切削力的影响

2. 喷射角度对切削力的影响

如图 5-31 所示，随着喷射角度的增加，切削分力 F_x 呈现先减小后增大的趋势，而 F_y 变化不大。这可能是因为采用过大或过小的喷射角度时，到达刀尖区域的空气流量和微小油滴数量都低于角度为 45°时的空气流量和微小油滴数量；因此，冷却和润滑效果也没有 45°时好，切削分力 F_x 也就呈现为先减小后增大的趋势。

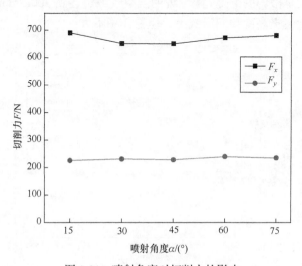

图 5-31　喷射角度对切削力的影响

3. 切削油流量对切削力的影响

如图 5-32 所示，随着切削油流量的增加，两个方向上的切削力均呈现减小趋势，其中 F_x 变化最为明显，油量越多，空气中的含油量越高，喷到刀尖附近的微小油滴越多，在其他因素相同的情况下，微小油滴与刀尖的黏附效果更好，在刀尖刚刚切入工件时，刀尖表面黏附的微小油滴会在刀尖和工件之间产生润滑性能更好的润滑油膜，起到更好的润滑作用，从而获得较小的切削力。

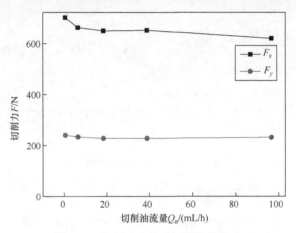

图 5-32　切削油流量对切削力的影响

4. 空气流量对切削力的影响

从图 5-33 可以看出，在其他条件不变的情况下，随着空气流量的增大，两个方向的切削力均呈微弱的下降趋势，说明当空气流量达到 300L/min 的情况下，继续增大空气流量会提高冷却润滑效果，但是作用不大。

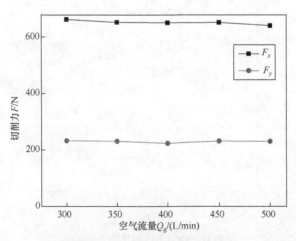

图 5-33　空气流量对切削力的影响

5. 空气温度对切削力的影响

如图 5-34 所示，随着空气温度的升高，两个方向的切削力均有增加趋势，空气温度升高，空气对刀尖的冷却效果变差，刀尖在切入工件之前的温度较高；刀尖温度高，微小油滴与刀尖的黏附性变差，同时增加了油滴的沸腾和挥发，最终导致空气射流的冷却和润滑性能减弱。

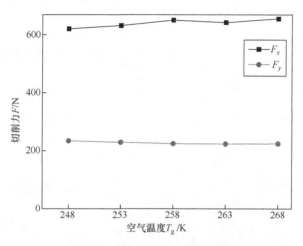

图 5-34　空气温度对切削力的影响

5.4　本　章　小　结

(1) 喷雾距离对油滴覆盖率有显著影响，油滴覆盖率随着距离的增大而减小，最大减小幅度达到了 45%。油滴覆盖率随着空气流量的增加而减小，提高空气流量可减小油滴尺寸，但其影响远没有距离变化显著。油滴尺寸的减小可增大切削油与工件和刀具之间的总接触面积，有利于吸收切削加工区的热量，并形成较为均匀的油膜。对于特定尺寸的油滴，提高其运动速度可促使其与固体平面碰撞时发生破碎，分裂出更微小的油滴。缩短喷雾距离可有效提高油滴碰撞速度，故在一定的空气流量下适当减小喷射距离有助于油-气混合物冷却、润滑性能的发挥。

(2) 流场中，粒径大、速度快、温度低的油滴主要集中在喷嘴中心线位置，粒径小、速度慢、温度高的油滴则分布于外缘。喷射方向会对油滴在刀具-切屑和刀具-工件之间的渗透性及油膜的形成造成影响，要想获得良好的冷却、润滑效果，喷嘴轴线应对准切削加工区。CMQL 的最优参数组合为：空气流量 Q_g=70L/min，切削油流量 Q_o=2.25g/min，空气温度 T_g= 253K，该雾化参数组合可提高 CMQL 的冷却、润滑效果。

(3) CMQL 切削时的刀具-切屑平均摩擦系数最小，其次是 MQL 切削，干式切削时的刀具-切屑摩擦系数最大。CMQL 切削条件下的切削力随着喷射距离的增加而增加，随着空气流量的增加和空气温度的降低而减小。而对切削力影响最大的是切削油流量，随着切削油流量的增加切削力有较大幅度的减小，即在其他条件相同的情况下，适当增加切削油流量对 CMQL 发挥冷却润滑作用有很大帮助。

第 6 章　内冷式铣刀流体动力学特性分析
及切削性能评价

内冷式铣刀可以将油-气混合物直接输送到切削区，并准确地喷射到切削刃上，具有延长刀具寿命和改善切削过程的优点。铣刀的内冷孔结构对油-气混合物的流体动力学特性及切削性能具有重要影响，结构设计一直是内冷式铣刀的研究重点。

6.1　内冷式铣刀结构设计

根据研究需要，委托厦门金鹭特种合金有限公司分别制作了一种实心整体硬质合金铣刀和三种内冷式整体硬质合金铣刀(图 6-1)。刀具的圆弧形刀尖设计及AlTiN 材料涂层有效提高了刀具的抗崩刃性能，能够保证淬硬钢的高进给加工。四种刀具均采用相同的几何结构参数(刀具直径为 12mm，切削刃螺旋角为 35°)，涂层材料均是 AlTiN，其中三种内冷式铣刀的内部结构分别为双螺旋内冷孔、单直内冷孔和双直内冷孔，如图 6-2 所示。

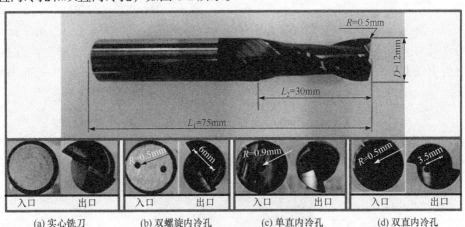

(a) 实心铣刀　　　(b) 双螺旋内冷孔　　　(c) 单直内冷孔　　　(d) 双直内冷孔

图 6-1　实心铣刀及内冷式铣刀

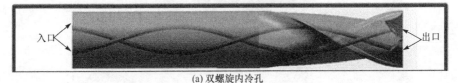

(a) 双螺旋内冷孔

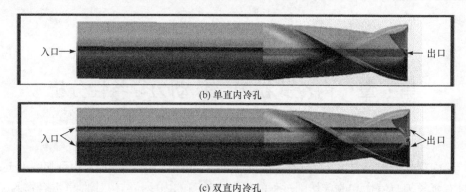

(b) 单直内冷孔

(c) 双直内冷孔

图 6-2　内冷式铣刀的内部结构

6.2　内冷式铣刀流体动力学特性分析

6.2.1　流体区域分析模型及仿真方案设计

根据铣刀几何特征和流体动力学特性，建立如图 6-3 所示的流体分析区域。入口边界采用质量入口，出口给定的边界条件为一个大气压。针对每种内冷式铣刀进行了关于铣刀转速、空气流量和空气温度的单因素仿真分析。每个因素设有 4 个水平值，因素、水平和仿真分析方案设计如表 6-1 和表 6-2 所示。表 6-2 中的每一行代表一组仿真条件，其中第 1~4 行、第 5~8 行和第 9~12 行分别是针对铣刀转速、空气流量和空气温度的仿真分析。需要说明的是，第 1 行、第 5 行和第 9 行的仿真条件相同；因此，每种内冷式铣刀需要进行 10 组仿真分析。表 6-2 中的空气雷诺数根据式(5-14)计算获得。需要说明的是，需要将该公式中的油滴参

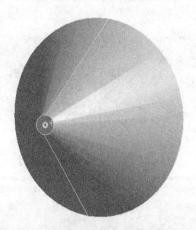

图 6-3　流体分析区域三维模型

数换为空气参数。由于空气的最低雷诺数是 10635，远远大于临界雷诺数 2300，所以铣刀内冷却孔下游流场仿真采用湍流分析。

表 6-1　因素/水平表

因素	水平			
	1	2	3	4
铣刀转速 n/(r/min)	0	1000	2000	3000
空气流量 Q_g/(L/min)	40	50	60	70
空气温度 T_g/K	243	253	263	273

表 6-2　单因素仿真方案设计

实验序号	铣刀转速 n/(r/min)	空气流量 Q_g/(L/min)	空气温度 T_g/K	空气质量流速 G_g/(kg/s)	空气雷诺数 Re
1	0	40	243	9.68×10^{-4}	13092
2	1000	40	243	9.68×10^{-4}	13092
3	2000	40	243	9.68×10^{-4}	13092
4	3000	40	243	9.68×10^{-4}	13092
5	0	40	243	9.68×10^{-4}	13092
6	0	50	243	1.211×10^{-3}	16366
7	0	60	243	1.453×10^{-3}	19639
8	0	70	243	1.695×10^{-3}	22912
9	0	40	243	9.68×10^{-4}	13092
10	0	40	253	9.30×10^{-4}	12182
11	0	40	263	8.95×10^{-4}	11368
12	0	40	273	8.62×10^{-4}	10635

6.2.2　内冷式铣刀下游流场特性仿真分析

1. 单直内冷孔铣刀下游流场分析

图 6-4 为单直内冷孔铣刀内冷通道下游流场的速度云图。在铣刀的轴线方向上，内冷通道出口处流场速度较大，随着距离的增加速度逐渐减小，为了研究铣刀旋转速度和空气流量对流场速度的影响，测量了与内冷通道出口不同距离处的流场速度，测量结果如图 6-5 所示。在低转速范围内，铣刀转速对内冷通道轴线上流场的速度基本上没有影响。而空气流量对下游流场的速度影响较大，空气流量越高，下游流场速度越大。

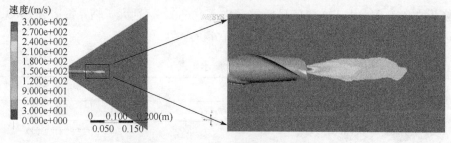

图 6-4　单直内冷孔下游流场速度云图

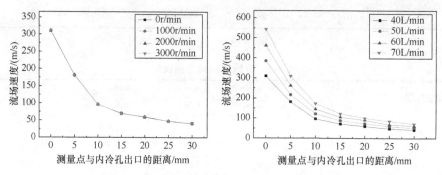

图 6-5　铣刀转速和空气流量对流场速度的影响

2. 双直内冷孔铣刀下游流场分析

在 CMQL 条件下，双直内冷孔铣刀内冷通道下游流场的速度云图如图 6-6 所示。从图中可以看出，沿着铣刀轴线方向，当与内冷孔的出口距离超过 5mm 后，从两个内冷孔中喷出的空气迅速汇集到一起。这是因为空气是典型的黏性介质，由其本身的黏性和速度惯性的综合作用而造成了汇集到一起的现象。并且两个内冷孔的情况下油-气混合物的覆盖区域要明显大于单个内冷孔情况下的覆盖区域。

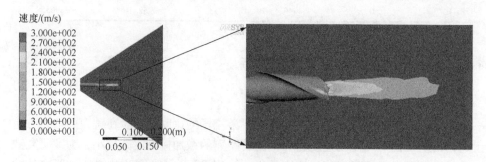

图 6-6　双直内冷孔铣刀内冷通道下游流场的速度云图

沿着铣刀轴线上不同距离处，对双内冷孔下游流场进行了速度采集。从图 6-7 可以看出，铣刀转速对内冷孔下游流场的速度基本上没有影响，而空气流量对下游流场的速度影响较大，空气速度越大，其喷到切削区附近越容易，并且在切削区湍流动能越大，从而可以更好地发挥 CMQL 技术的冷却润滑作用。

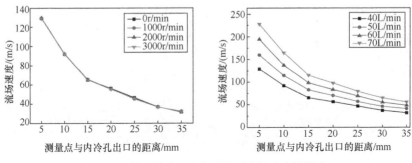

图 6-7　铣刀转速和空气流量对流场速度的影响

3. 双螺旋内冷孔铣刀下游流场分析

如图 6-8 所示，从双螺旋内冷孔喷出的油-气混合物流线呈无规则状。一方面，空气和切削油的黏性对流线方向有很大影响；另一方面，空气和切削油从双螺旋内冷孔喷出时具有很高的速度，速度惯性对冷孔下游流场的流线方向有一定的影响。切削区与双直内冷孔铣刀相比，双螺旋内冷孔铣刀的出口离切削刃更近一些，油-气混合物更容易达到切削刃附近，所以双螺旋内冷孔可以更好地发挥冷却润滑作用。但是，在施加相同入口速度的情况下，双螺旋内冷孔铣刀出口处的流场速度略小于双直内冷孔铣刀出口处的流场速度。因此，哪一种形式的内冷孔铣刀更有利于 CMQL 技术发挥冷却润滑作用还有待进一步研究。

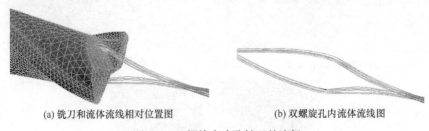

(a) 铣刀和流体流线相对位置图　　　　　　(b) 双螺旋孔内流体流线图

图 6-8　双螺旋内冷孔铣刀的流场

4. 流体仿真模型实验验证

用风速仪测量 CMQL 条件下不同内冷式铣刀出口处的流场速度，验证流体仿真模型的有效性。图 6-9 显示了不同转速条件下的流场速度。由于风速仪的量程为 0～100m/s，所以图 6-9 中只显示流场速度小于 100m/s 的测量结果，分别对比图 6-5 与图 6-9(a)、图 6-7 与图 6-9(b)小于 100m/s 的仿真结果和实验结果，可以看出仿真结果和实验结果具有很高的一致性，从而验证了仿真模型的正确性。

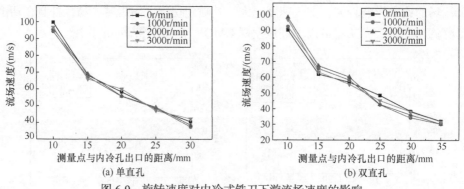

(a) 单直孔　　　　　　　　　　　　　　(b) 双直孔

图 6-9　旋转速度对内冷式铣刀下游流场速度的影响

6.2.3　内冷孔结构对油滴尺寸的影响

图 6-10 显示了油-气混合物在三种不同刀具内部的流动轨迹(虚线箭头)和内冷孔出口处的流动方向(实线箭头)。由图可以看出，低温油-气混合物受内冷孔结构和出口位置影响，油-气混合物从双螺旋内冷孔流出后，直接喷射至刀尖处前刀面；油-气混合物流经单直内冷孔后，喷射方向对准工件已加工表面而不是主切削

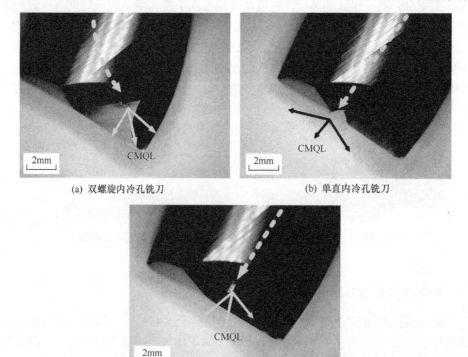

(a) 双螺旋内冷孔铣刀　　　　　　　　　　(b) 单直内冷孔铣刀

(c) 双直内冷孔铣刀

图 6-10　内冷孔出口和油-气混合物流动方向

刃；流经双直内冷孔后，一部分油-气混合物流向切削刃前刀面，另一部分流向已加工表面。

为了分析刀具旋转对微小油滴的影响，在主轴转速为 1500r/min 的情况下，利用一块镜片分别采集从三种刀具内喷出的油滴，适当调整采样距离以避免油滴重叠，并用手持式显微镜对油滴二维尺寸进行测量，观测结果如图 6-11 所示。由图可以看出，从双螺旋内冷孔喷出的油滴数量最少，尤其是二维半径小于 10μm 的小油滴；而从双直内冷孔喷出的油滴数目最多。

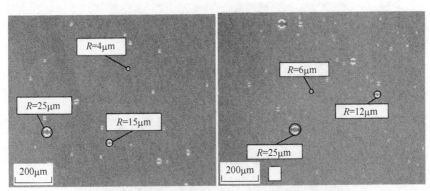

(a) 双螺旋内冷孔铣刀   (b) 单直内冷孔铣刀

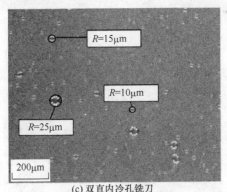

(c) 双直内冷孔铣刀

图 6-11 内冷式铣刀下游流场的油滴分布

6.3 内冷式铣刀切削性能评价

为了通过切屑形态、切削力和刀具磨损来评价三种内冷铣刀的切削性能，设计了铣削实验。实验工件材料选用 H13 钢，机床采用立式加工中心，刀具为前述的三种内冷式铣刀，切削参数为：v_c=56.25m/min，f_z=0.04mm，a_e=1.0mm，a_p=2.0mm，采用顺铣加工方式和 CMQL 冷却润滑条件。

6.3.1　刀具内冷孔结构对切屑形态的影响

切屑的自由表面分成主切削刃切削区和刀尖切削区，如图 6-12 所示。观察发现，自由表面上有两种相互垂直的条纹：一种是由于剪切作用，在自由表面上形成的平行于切削刃的薄层状切屑结构，在刀尖切削区，薄层结构方向发生变化，平行于刀尖轮廓；另一种是垂直于主切削刃的条纹，因上一个切削周期中主后刀面与工件过渡表面摩擦形成。

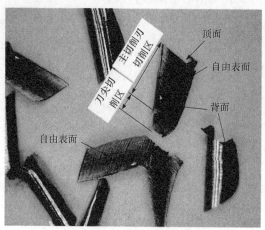

图 6-12　薄片状切屑结构

三种不同内冷铣刀切削时产生的切屑形态分别如图 6-13～图 6-15 所示。在切削的初始阶段，切屑形状规则，切屑背面光滑并反射着金属光泽，自由表面为浅褐色。随着切削时间的增加，切屑表现出浅金黄色，说明切削温度有所上升，刀

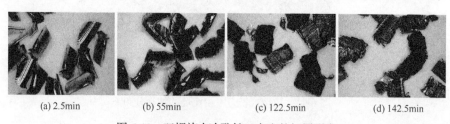

(a) 2.5min　　　(b) 55min　　　(c) 122.5min　　　(d) 142.5min

图 6-13　双螺旋内冷孔铣刀产生的切屑形态

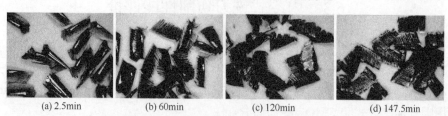

(a) 2.5min　　　(b) 60min　　　(c) 120min　　　(d) 147.5min

图 6-14　单直内冷孔铣刀产生的切屑形态

| (a) 2.5min | (b) 55min | (c) 125min | (d) 145min |

图 6-15　双直内冷孔铣刀产生的切屑形态

具磨损量也在增加。切削中后期阶段，切屑呈现蓝紫色，说明切削温度更高，切削力更大，刀具的磨损程度更严重。尤其是双螺旋内冷孔铣刀切削时产生的切屑，其背面为蓝紫色，自由表面为深褐色。

低温油-气混合物通过双螺旋内冷通道时受到较大影响，油滴数量减少，导致油-气混合物未能发挥良好的润滑作用，切削力增大，切削温度升高。切削时间达到 122.5min 左右时，双螺旋内冷孔铣刀铣削产生的切屑呈现紫红色，与此同时另外两种铣刀的切屑呈现浅金黄色。随着切削时间的增加，刀具磨损程度加剧，由于切削刃的磨损不均匀，切屑边缘被撕裂，切削过程振动加大。前刀面的过度剥落也导致刀具前角变小，局部前角甚至变成负值，产生锯齿状切屑。从切屑形态的角度来说，双直内冷孔铣刀和单直内冷孔铣刀的切削性能优于双螺旋内冷孔铣刀。

6.3.2　刀具内冷孔结构对切削力的影响

不同铣刀铣削过程中的切削力随时间变化的曲线如图 6-16 所示。由图可以看出，随着时间的增加，切削力呈波动式上升。在切削初始阶段，完整的涂层在降低刀具和工件之间的摩擦系数方面表现出良好的效果。随着切削的进行，刀具表面的涂层被磨掉，裸露出的硬质合金基体受到破坏，切削刃变钝，进而导致切削抗力增大，因此切削分力在切削的最终阶段变得很大。然而，这三种刀具的 y 方向和 z 方向的切削力在刚开始时有轻微的降低，这是因为前刀面上出现的微小月牙洼磨损使刀具前角变小，切削刃更加锋利。从图中还可以看出，双螺旋内冷孔铣刀切削力在 130min 左右出现了大幅度的下降；x、y、z 三个方向切削力下降的幅度分别为 73N、46N 和 137N。与此同时，在这把刀具刀尖的前刀面也观测到大面积剥落现象，如图 6-17 所示；这种发生在切削刃上的严重破坏使得切削深度大为减少，而切削深度是对切削力影响最大的因素，轴向切削深度 a_p 和径向切削深度 a_e 的减小导致切削力降低。因此，双螺旋内冷孔铣刀的切削力在 130min 时先轻微上升再骤然降低。类似的现象也被学者 Zhang 等[72]和 Rahman 等[105]观察到。当切削时间达到 210min 时，双直内冷孔铣刀的前刀面也观察到过度剥落现象，与此同时，x 和 z 方向的切削分力迅速下降。

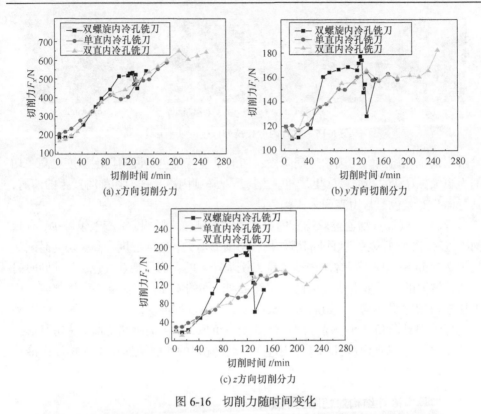

图 6-16　切削力随时间变化

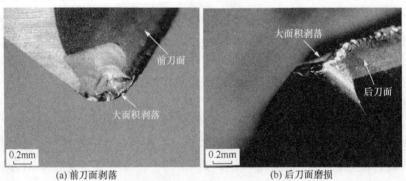

图 6-17　双螺旋内冷孔铣刀刀尖处剥落

与使用高压切削油的内冷方式不同,低温油-气混合物在输运过程中油滴悬浮于内冷通道内。如果油滴的尺寸适当小,低温油-气混合物就能发挥出最佳效果[72]。低温空气可以使切削油的温度降低,黏度增大。螺旋形通道距离铣刀轴线更远,当刀柄和刀具高速旋转时,油滴受到更强的离心力作用,导致悬浮的微小油滴可能发生相互碰撞或者黏附于内冷通道内壁上。较少的有效切削油量和钝化的切削刃使得双螺旋内冷孔铣刀的切削力在 50～120min 要高于另外两种铣刀。而单直内冷孔铣刀和双直内冷孔铣刀的切削力没有较大差别，这说明螺旋形通道结构相比于直线形通道对微小油滴有更多的影响，并且不利于冷却润滑作用的发挥。

6.3.3　刀具内冷孔结构对刀具磨损及刀具寿命的影响

由于切削过程中的高机械应力和强热振动，刀具磨损过程常常伴随着涂层的剥落，并且随着温度和切削抗力的增大，刀具磨损程度加剧[72]。图 6-18～图 6-20分别显示了三种刀具在四个不同切削时间点的后刀面磨损情况。双螺旋内冷孔铣刀的主要失效形式是切削刃的破坏和前刀面的剥落(图 6-18(c)和(d))，后刀面磨损带宽度相对均匀。严重的切削刃折断使得双螺旋内冷孔铣刀在切削中期和后期变钝。对于单直内冷孔铣刀和双直内冷孔铣刀，其主要失效形式是涂层从基体上剥离，导致切削刃磨损呈锯齿状。因此，在切削中期阶段，单直内冷孔铣刀和双直内冷孔铣刀的切削刃磨损程度要相对低于双螺旋内冷孔铣刀，导致这三种铣刀在切削过程中产生了不同的切削力。单直内冷孔铣刀和双直内冷孔铣刀的后刀面磨损带最大宽度 VB_{max} 出现在切削刃边界处(图 6-19(d)和图 6-20(d))，这是因为该处较高的机械应力和热应力梯度削弱了切削刃的强度。总体来说，后刀面磨损和严重的切削刃崩刃是这三种铣刀的主要失效形式，也是影响其切削性能和刀具寿命的主要因素。

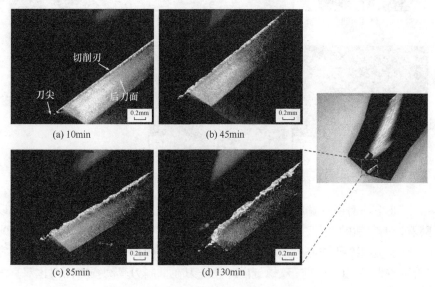

(a) 10min　　　　(b) 45min

(c) 85min　　　　(d) 130min

图 6-18　双螺旋内冷孔刀具后刀面磨损

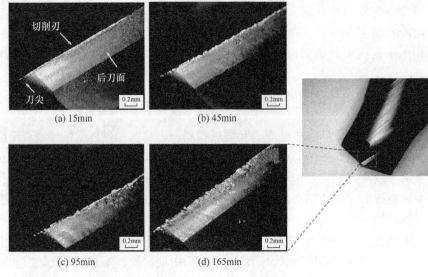

图 6-19　单直内冷孔铣刀后刀面磨损

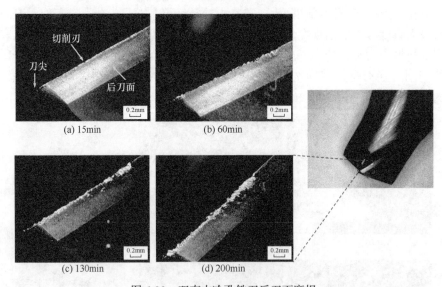

图 6-20　双直内冷孔铣刀后刀面磨损

后刀面平均磨损带宽度 VB 随切削时间的变化如图 6-21 所示。由图可以看出，随着切削时间的增加，三种内冷铣刀的后刀面磨损量均呈增大趋势。在 109min 之前，双螺旋内冷孔铣刀的平均磨损带宽度和双直内冷孔铣刀的平均磨损带宽度没有明显差距(在 40min 前，双螺旋内冷孔铣刀在抑制刀具磨损方面仅比双直内冷孔铣刀表现出平均 0.01mm 的微弱优势)，并且这两种铣刀的磨损量均明显小于单直内冷孔铣刀的磨损量。这种现象说明在切削的前期阶段，双内冷通道在促进低温油-气混合物发挥冷却、润滑作用方面要优于单内冷通道。然而，在大约130min时，双螺旋内冷孔铣刀的刀尖处发现了严重的前刀面剥落，见图6-18(d)。图6-17显示了放大后刀尖处的细节。这种灾难性破坏主要归因于热冲击现象。铣削是典型的断续切削，具有多刃切削的特点，并且切削厚度在不断变化，周期性的切入和切出运动造成了频繁的热冲击。当刀齿处于非切削阶段时，低温空气依然在冷却切削刃，这一因素无疑增大了热冲击的温度变化幅度。对于双螺旋内冷孔铣刀，内冷却孔出口位置与切削刃的距离比另外两种刀具更近(图6-1)，并且低温空气可以直接"冲击"刀尖处的前刀面。此外，冷却作用可能引起硬质合金基体的低温脆化，导致双螺旋内冷孔铣刀的切削刃变钝。前刀面骤然的大面积剥落加速了双螺旋内冷孔铣刀的磨损，从切削刃损伤的角度来看，这种铣刀的寿命大约为130min。

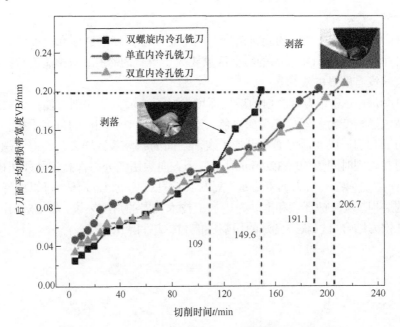

图6-21　后刀面平均磨损带宽度VB随切削时间的变化

当累计切削时间达到210min时，双直内冷孔铣刀的刀尖也发现了前刀面剥落。这种铣刀的内冷孔出口与切削刃之间的距离要比双螺旋内冷孔铣刀的大，这样低温空气就不会强烈地"冲刷"刀尖。这一特点推迟了前刀面剥落的发生。对于单直内冷孔铣刀，内冷通道位于铣刀轴线上(图6-2(b))，油-气混合物从内冷孔流出后直接喷到工件上，并沿着已加工表面渗入切削区。这就意味着，与另外两种刀具相比，油-气混合物在直接冷却、润滑切削加工区域这方面稍显得乏力。一方面这种铣刀虽然避免了前刀面剥落的发生，但另一方面它的后刀面磨损率增长速度要比双直内冷孔铣刀快。总体来说，通过对切削实验的分析可知，内冷却孔的结构对刀具磨损存在影响，即孔的位置会影响低温油-气混合物的冷却润滑作用。根据刀具磨钝标准，双螺旋内冷孔铣刀、单直内冷孔铣刀和双直内冷孔铣刀的寿命分别为 130.0min、191.1min 和 206.7min；双直内冷孔铣刀的寿命是双螺旋内冷孔铣刀的 1.59 倍，是单直内冷孔铣刀的 1.08 倍。

综上所述，双螺旋内冷孔铣刀对油滴的输运有不利影响；单直内冷孔对油滴的影响最小，但出口的位置不能有效地将低温油-气混合物输送到切削加工区。双直内冷孔铣刀不但能避免对油滴数量和尺寸的干扰，还能将其输送至切削刃附近。单直内冷孔铣刀和双直内冷孔铣刀在加工 H13 钢时具有良好的切削性能。

6.4　本章小结

(1) 单直内冷孔铣刀的旋转速度对内冷孔下游流场的速度和温度影响非常微弱，双直内冷孔油-气混合物的覆盖区域要大于单直内冷孔，双螺旋内冷孔喷出的流场流线没有明显的规律。

(2) 切削力随着刀具磨损的增加而增大，不断增大的切削力使得切屑颜色由淡金黄色逐渐变为蓝紫色甚至深褐色。双螺旋通道对切削油的过多干扰，导致刀具前刀面和切屑以及后刀面和已加工表面之间的摩擦系数增大，使得双螺旋内冷孔铣刀在切削时间为 50～120min 时，三个方向的切削分力都高于另外两种铣刀。

(3) 双直内冷孔铣刀的寿命是双螺旋内冷孔铣刀的 1.59 倍，可以更好地抑制刀具的磨损。从保护环境和推动先进加工技术发展的角度来说，将 CMQL 和双直内冷孔铣刀结合可以获得良好的切削性能和冷却润滑效果。

第 7 章　大型模具复杂表面数控加工编程及加工仿真实例

数控编程作为复杂表面数控加工技术的核心，其主要内容是通过刀具轨迹规划确定刀位点坐标和刀轴矢量姿态。后置处理器同时连接自动编程系统与数控机床，是实现计算机辅助加工的枢纽。数控加工仿真是验证切削参数和数控程序的合理性与正确性的重要举措。

7.1　保险杠凹模加工工艺规划

7.1.1　保险杠凹模简介

随着汽车工业的发展，同时为了迎合消费者的个性化需求，提高品牌识别性，各个汽车厂家所采用的汽车保险杠不尽相同。图 7-1 为三种不同型号的汽车前保险杠，汽车前保险杠通常为马鞍形，厚度一致，左右两侧有装饰条纹，中间平面为汽车牌照安装区，中间镂空部位为进气栅格。图 7-2 为某型号汽车的前保险杠

图 7-1　汽车前保险杠

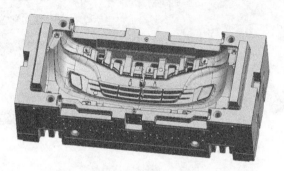

图 7-2　汽车前保险杠注塑模具凹模

注塑模具凹模。该模具总长度为 2200mm，总宽度为 950mm，总高度为 630mm。模具材料为预硬型塑料模具钢 P20，高温淬火后硬度达到 HRC30～36，具有较好的强度和韧性。从图 7-2 可以看出，凹模结构非常复杂，有很多台阶和槽体，表面质量和加工精度要求高。例如，模具成型面的尺寸偏差控制在±0.01mm 以内；加工后的成型面不允许有任何缺陷，表面粗糙度 R_a 小于 0.8μm。

7.1.2　模具结构分析

汽车保险杠凹模结构特点及工艺性分析可以归纳为以下几点。

(1) 型腔结构复杂，粗加工余量不均匀。加工型腔时，型腔内部有凸台等特征，加工余量变化较大，加工精度要求较高；需要多次抬刀落刀，很容易对已加工表面造成损伤。

(2) 型腔表面多为自由曲面，需要使用五轴联动机床，便于随时调整刀具轴线方向。

(3) 加工特征较多，导致加工工序较多。为省略传统模具加工过程中的电火花加工和大量手工修磨等工序，在加工过程中应注意采用小步距和小切深进行加工；进退刀具时采用圆弧或螺旋线方式实现；大量采用等高轮廓铣来代替效率较低的仿形铣削。

(4) 模具体积较大，加工时间较长，加工过程中需要考虑刀具寿命和刀具磨损破损对加工的影响。

对图 7-2 所示的汽车前保险杠注塑模具凹模特征进行编号，如图 7-3 所示。模具特征描述见表 7-1。

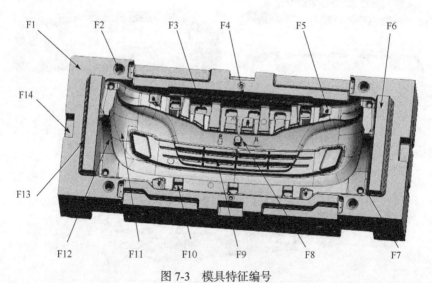

图 7-3　模具特征编号

表 7-1　模具特征描述

特征序号	特征名称	具体位置
F1	台阶面	模具上侧
F2	导套孔	F1 特征上侧
F3	顶杆槽	模具内侧
F4	斜面	模具四周
F5	流道孔槽	模具辅助面上侧
F6	台阶面	F1 特征上侧
F7	导套孔	模具辅助面上侧
F8	凸台	型腔面上侧
F9	进气栅格	型腔面内侧
F10	顶杆槽	模具四周
F11	型腔面	型腔面上侧
F12	辅助曲面	型腔面外侧
F13	斜面	F1 特征上侧
F14	槽	F1 特征下侧

7.1.3　数控机床结构及技术参数

汽车前保险杠凹模拟用高架桥式五轴加工中心(YHMC-GB6555SF5, 中国, 山东永华机械有限公司)进行加工。该五轴联动加工中心(图 7-4), 可以实现 X 轴、Y 轴、Z 轴和 A 轴、C 轴的五轴联动, 具体技术参数见表 7-2。

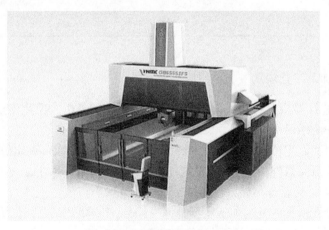

图 7-4　高架桥式五轴加工中心

表 7-2　高架桥式五轴加工中心的技术参数

类别	项目	参数
直线轴参数	X轴行程	6500mm
	Y轴行程	4000 mm
	Z轴行程	1500mm
	X轴进给速度	10～20000mm/min
	Y、Z轴进给速度	10～28000mm/min
	X轴快速进给	250000mm/min
	Y、Z轴快速进给	36000mm/min
主轴	电主轴功率	50kW
	主轴锥孔	HSK-A100
	主轴最高转速	15000r/min
A、C轴参数	A轴转动范围	±110°
	C轴转动范围	360°
	A轴最高回转速度	360°/s
	C轴最高回转速度	360°/s
定位精度	闭环X轴	0.012mm/全长
	闭环Y轴	0.008mm/全长
	闭环Z轴	0.006mm/全长
	A、C轴	8″
重复定位精度	闭环X轴	0.006mm
	闭环Y、Z轴	0.004mm
	A、C轴	3″

7.1.4　铣削加工工艺规划

根据上述针对模具材料、模具结构和加工机床的分析，保险杠模具的铣削加工工艺规划制定如下。

(1) 采用底面定位，加工内容主要为模具上表面，一次装夹定位。

(2) 毛坯顶面修整加工。为了提高加工效率和安全性，采用端铣刀去除毛坯面的毛刺与缺陷，为粗加工做好准备。

(3) 保险杠模具的铣削加工主要分为三部分：外部凹槽与凸台、型腔面辅助曲面和型腔面的加工，其中最重要的是型腔面的加工。

(4) 模具最大深度为 406mm，为避免在加工时出现碰撞，加工时采用加长刀柄，并对相关加工参数做出适当调整。

(5) 粗加工采用三轴加工、加长刀柄进行开粗。

(6) 半精加工采用三轴与五轴相结合的方式进行加工。

(7) 精加工采用三轴与五轴相结合的方式进行加工。

(8) 型腔曲面半精加工与精加工时主要采用球头铣刀，应避免球头铣刀刀尖点与工件表面接触。

根据上述工艺规划，确定保险杠模具粗加工、半精加工和精加工所需主要刀具及切削用量(表 7-3)。

表 7-3　保险杠模具加工所需主要刀具及切削用量

工步	工步内容	刀柄、接柄、刀具	切削用量				余量 /mm
			n/(r/min)	a_p/mm	a_e/mm	f_z/mm	
1	粗铣模具顶端部分	C6-390.0004-50 085(刀柄) C6-391.06-22 260(防振接柄) 80A07RS91WP06(T01)	5000	1.0	40	0.25	1.5
2	粗铣型腔外侧部分	C6-390.0004-50 085(刀柄) C6-391.06-22 260(防振接柄) 80A07RS91WP06(T01)	5000	1.0	40	0.25	1.5
3	粗铣型腔部分	C6-390.0004-50 085(刀柄) C6-391.06-22 260(防振接柄) 80A07RS91WP06(T01)	5000	1.0	40	0.25	1.5
4	二次开粗模具顶端部分	C6-390.0004-50 085(刀柄) C6-391.21-32 095(接柄) 32Y03R150A32SWP06(T02)	5000	1.0	16	0.25	0.5
5	二次开粗型腔外侧部分	C6-390.0004-50 085(刀柄) C6-391.21-32 095(接柄) 32Y03R150A32SWP06(T02)	5000	1.0	16	0.25	0.5
6	二次开粗型腔部分	C6-390.0004-50 085(刀柄) C6-391.21-32 095(接柄) 32Y03R150A32SWP06(T02)	5000	1.0	16	0.25	0.5
7	半精铣模具顶面	C6-390.0004-50 085(刀柄) C6-391.21-20 085(接柄) KDMT20R175A20SN(T03)	6000	0.1	15	0.3	0.1
8	半精铣模具内侧壁	C6-390.0004-50 085(刀柄) C6-391.21-20 085(接柄) KDMB20R175A20SN(T04)	6000	0.1	8	0.3	0.1
9	半精铣模具顶杆槽(8 个)	C6-390.0004-50 085(刀柄) C6-391.21-20 085(接柄) KDMB20R175A20SN(T04)	6000	0.1	8	0.3	0.1

续表

工步	工步内容	刀柄、接柄、刀具	切削用量				余量/mm
			n/(r/min)	a_p/mm	a_e/mm	f_z/mm	
10	半精铣型腔外侧曲面	C6-390.0004-50 085(刀柄) C6-391.21-20 085(接柄) KDMB20R175A20SN(T04)	6000	0.1	8	0.3	0.1
11	半精铣型腔面主体部分	C6-390.0004-50 085(刀柄) C6-391.21-20 085(接柄) KDMB20R175A20SN(T04)	6000	0.1	8	0.3	0.1
12	半精铣型腔面进气栅格部分	C6-390.0004-50 085(刀柄) C6-391.21-20 085(接柄) KDMB20R175A20SN(T04)	6000	0.1	8	0.3	0.1
13	半精铣型腔辅助曲面	C6-390.0004-50 085(刀柄) C6-391.21-20 085(接柄) KDMB20R175A20SN(T04)	6000	0.1	8	0.3	0.1
14	精铣模具顶面	C6-390.0004-50 085(刀柄) C6-391.21-12 080(接柄) KDMT12R150A12SN(T05)	6000	0.1	4.8	0.3	0
15	精铣模具内侧壁	C6-390.0004-50 085(刀柄) C6-391.21-12 080(接柄) KDMB10R150A10ST(T06)	6000	0.1	4	0.3	0
16	精铣模具顶杆槽(8个)	C6-390.0004-50 085(刀柄) C6-391.21-12 080(接柄) KDMB10R150A10ST(T06)	6000	0.1	4	0.3	0
17	精铣型腔外侧曲面	C6-390.0004-50 085(刀柄) C6-391.21-12 080(接柄) KDMB10R150A10ST(T06)	6000	0.1	4	0.3	0
18	精铣型腔面主体部分	C6-390.0004-50 085(刀柄) C6-391.21-12 080(接柄) KDMB10R150A10ST(T06)	6000	0.1	4	0.3	0
19	精铣型腔面进气栅格部分	C6-390.0004-50 085(刀柄) C6-391.21-12 080(接柄) KDMB10R150A10ST(T06)	6000	0.1	4	0.3	0

注：刀柄和接柄均来自瑞典 Sandvik 公司；刀具均采用美国肯纳金属公司产品。

7.2　模具型腔面数控加工编程

模具结构和加工工艺复杂，且编程周期长，为满足编程之后 NC 程序的正确性，采用 NX 9.0 进行 NC 程序的自动编制，即计算机辅助制造(computer aided manufacturing，CAM)。根据初步确定的加工工艺规划，制定 CAM 编程流程图，如图 7-5 所示。

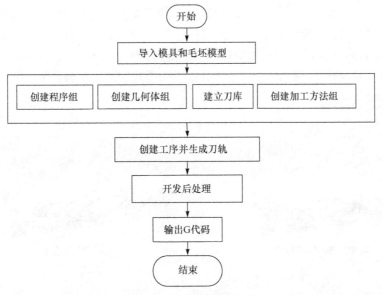

图 7-5　CAM 编程流程图

NX9.0 "加工"模块用户界面包含"标题栏"、"插入工具栏"、"操作导航器"和"图形区"等区域，如图 7-6 所示。

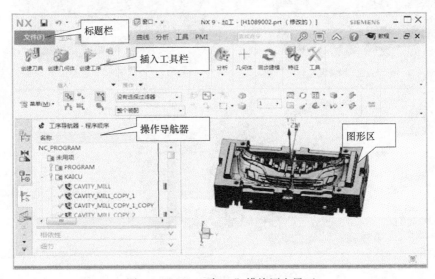

图 7-6　NX9.0 "加工"模块用户界面

7.2.1　模具粗加工

粗加工的主要目的是去除大部分材料，以获得高加工效率。在粗加工程序中，刀具的切削性能应该被充分利用，粗加工过程见图 7-7。图 7-7(a)、(b)、(c)采用的是"型腔铣(cavity_mill)"的"跟随周边"加工模式；图 7-7(d)、(e)采用的是"型腔铣(cavity_mill)"的"轮廓加工"加工模式。下面以粗铣加工 1 操作为例介绍粗加工铣削编程步骤。

(a) 型腔铣1(跟随周边)

(b) 型腔铣2(跟随周边)

(c) 型腔铣3(跟随周边)

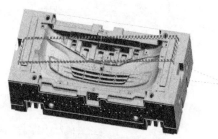

(d) 型腔铣4(轮廓加工)

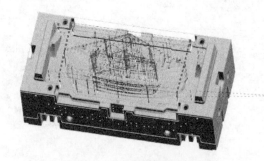

(e) 型腔铣5(轮廓加工)

图 7-7　粗加工刀路

(1) 创建程序。如图 7-8 所示，创建粗加工程序，程序类型为"mill_contour"。

图 7-8　创建程序

(2) 创建刀具。在"插入"工具栏中单击"创建刀具"按钮，在弹出的"创建刀具"对话框中的刀具类型中选择"mill_contour"，刀具子类型选择"MILL"，在名称文本框中输入刀具名称"1"。单击"确定"按钮弹出"刀具参数"对话框，在此对话框中输入刀具的直径、下半径、长度、刀刃长度和刀刃数等参数，补偿寄存器中填入"1"，其余参数选择默认值，如图 7-9 所示。

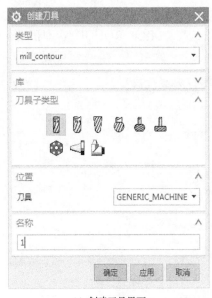

(a) 创建刀具界面

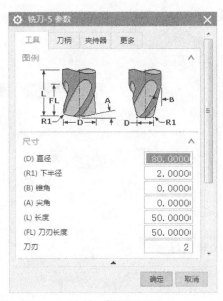

(b) 铣刀参数设置界面

图 7-9　创建刀具

(3) 创建几何体。在几何视图下，在操作导航器中双击 WORKPIECE 子项目，弹出"工件"对话框，如图 7-10 所示。在该对话框中指定零件几何体为"模具的三维模型"和毛坯几何体为"包容块"。

图 7-10　创建几何体

(4) 创建加工方法。单击"插入"工具栏中"创建方法"按钮，弹出"创建方法"对话框，类型选择"mill_contour"，方法选择"MILL_ROUGH"，即粗铣，如图 7-11 所示。

图 7-11　创建加工方法

(5) 创建工序。单击"创建工序"按钮，弹出"创建工序"对话框，如图 7-12(a) 所示，在操作类型中选择"mill_contour"，工序子类型选择"CAVITY_MILL"，即 "型腔铣"。在程序选项中选择"KAICU"，在刀具选项中选择"1"，在几何体选项 中选择"WORKPIECE"，在方法中选择"MOLD_ROUGH_HSM"，单击"确定" 按钮弹出"型腔铣"对话框，如图 7-12(b)所示。在刀轨设置中设置切削模式、切 削层、切削参数、非切削移动以及进给率和速度等参数。

(a) 创建工序界面　　　　　　　　　(b) 型腔铣参数设置界面

图 7-12　创建工序

其他粗加工工序子类型也采用"CAVITY_MILL"，但在创建过程中要注意各 项参数的不同，尤其是切削层、切削参数的区别。要注意"跟随周边"模式中的 "刀路方向"和"切削顺序"。

7.2.2　模具半精加工

半精加工的主要作用是在精加工之前，继续去除粗加工后的残余材料，以使 精加工余量更加均匀，从而为精加工做好准备。半精加工时的刀具轨迹如图 7-13 所示。

(a) 半精加工F1、F2和F6的刀具轨迹

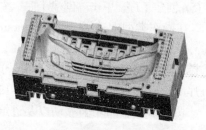

(b) 半精加工F13的刀具轨迹

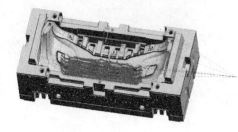

(c) 半精加工F4(部分)和F10的刀具轨迹

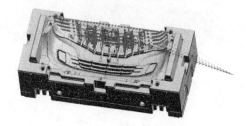

(d) 半精加工F3和F4(部分)的刀具轨迹

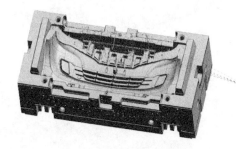

(e) 半精加工F5、F7(部分)和
F11(部分)的刀具轨迹

(f) 半精加工F8、F9和F11(部分)
的刀具轨迹

(g) 半精加工F7(部分)和F12的刀具轨迹

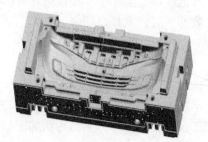

(h) 半精加工剩余细节的刀具轨迹

图 7-13　半精加工刀具轨迹

半精加工中，继续使用三轴加工将会导致 C 轴与零件碰撞，因此对部分斜壁和曲面结构采用五轴加工。下面以半精铣型腔面操作为例介绍五轴铣削编程步骤，如图 7-14 所示。

(1) 创建程序。程序类型为"MILL_MULTI_AXIS"。

(2) 创建几何体时，零件几何体和毛坯几何体的选择与粗铣加工操作相同。

(3) 创建"可变轴轮廓铣(VARIABLE_CONTOUR)"，选择铣削区域，如图 7-14 所示。"驱动方法"选择"曲面驱动"方法，驱动曲面如图 7-14 所示。投影矢量选择"垂直于驱动体"，刀轴选择"垂直于驱动体"。切削参数、非切削移动、进给率和速度等参数根据工序设置。

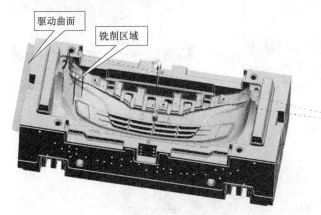

图 7-14　半精铣型腔面

7.2.3　模具精加工

精加工内容主要包括两部分，即型腔面精加工和其他面精加工。为了保证型腔面的加工质量，先对其他面进行精加工。其他面精加工主要包括平面精加工和曲面精加工，采用的方法分别是面铣和固定轴轮廓铣，如图 7-15 所示。

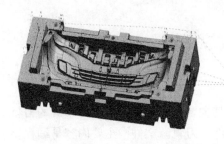
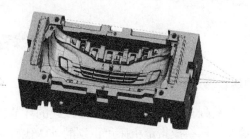

(a) 精加工F1、F2和F6的刀具轨迹　　　　　　　(b) 精加工F13的刀具轨迹

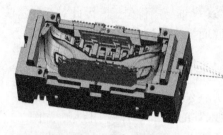
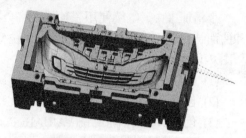

(c) 精加工F4(部分)和F10的刀具轨迹　　　　　　　(d) 精加工F3和F4(部分)的刀具轨迹

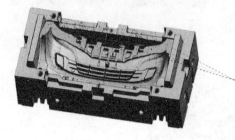

(e) 精加工F5、F7(部分)、F11(部分)的刀具轨迹　　　(f) 精加工F8、F9和F11(部分)的刀具轨迹

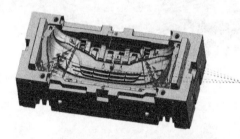

(g) 半精加工F7(部分)和F12的刀具轨迹

图 7-15　精加工刀具轨迹

　　精加工数控编程的编程方法与半精加工相似，但需要选择不同的刀具，余量设置为零。

7.3　数控编程的后处理

7.3.1　数控编程的后处理原理

　　后处理是数控编程中不可或缺的环节，其主要作用是将编程软件生成的刀轨源文件转换成指定机床可识别的 NC 代码文件。刀轨源文件中主要内容是编程坐标系下的刀位点坐标和刀轴矢量，经后处理将其转化为机床坐标系下的运动坐标。五轴机床结构复杂，包含三个直线轴和两个旋转轴，根据旋转轴位置的不同可以分为双摆头型、摆头转台型和双转台型。大型高架桥式龙门五轴加工中心 *A/C*

轴采用的是双摆头铣头，可以实现 X、Y、Z 直线移动和 A、C 轴转动(图 7-16)。双摆头型配置使得该加工中心更加灵活，可以对大型工件复杂表面进行加工。

图 7-16　双摆头机床运动轴配置

对于 A/C 双摆头加工中心，其后处理的核心为坐标变换。根据刀具坐标系和工件坐标系之间的位置关系，通过转换矩阵将刀具坐标系中的刀位点坐标和刀轴矢量(刀轨源文件中已知)转化为工件坐标系中的刀位点坐标和刀轴矢量，如图 7-17 所示。

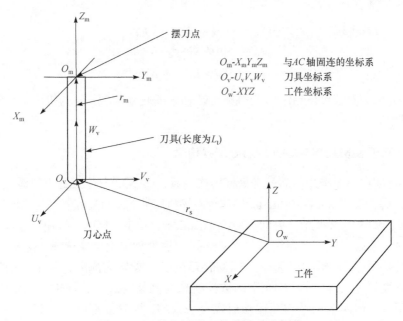

图 7-17　刀具坐标系-工件坐标系示意图

坐标变换可分解为 O_w-XYZ 相对于 O_m-$X_mY_mZ_m$ 平移和 O_m-$X_mY_mZ_m$ 相对于 O_v-$U_vV_vW_v$ 旋转平移。由图 7-17 可推出刀轴矢量变换式(7-1)和刀位点坐标变换式(7-2)。

$$[u_x,u_y,u_z,1]^T = T(r_s + r_m) \cdot R_Z(\theta_C) \cdot R_X(\theta_A) \cdot T(-r_m) \cdot [0,0,1,0]^T \tag{7-1}$$

式中，$[u_x,u_y,u_z,1]^T$ 为刀轴矢量；$T(-r_m)$ 为坐标系 O_v-$U_vV_vW_v$ 旋转平移到 O_m-$X_mY_mZ_m$ 的转换矩阵；$R_X(\theta_A)$ 为 A 轴摆动矩阵；$R_Z(\theta_C)$ 为 C 轴转动矩阵；$T(r_s+r_m)$ 为坐标系 O_m-$X_mY_mZ_m$ 平移到 O_w-XYZ 的转换矩阵。

$$[p_x,p_y,p_z,1]^T = T(r_s + r_m) \cdot R_Z(\theta_C) \cdot R_X(\theta_A) \cdot T(-r_m) \cdot [0,\ 0,\ 0,\ 1]^T \tag{7-2}$$

式中，$[p_x,p_y,p_z,1]^T$ 为刀位点坐标。

根据式(7-1)和式(7-2)求解出实现该转换过程中各运动轴所需的运动量，即数控机床的运动量，其计算公式如下：

$$\theta_A = k \cdot \arccos u_z, \quad k = +1, -1 \tag{7-3}$$

$$\theta_C = \begin{cases} k\pi + \arctan\left(\dfrac{-u_x}{u_y}\right), & u_x \neq 0, u_y \neq 0; k = +1, -1, 0 \\ 0, & u_x = 0, u_y = 0 \\ \dfrac{k\pi}{2}, & u_y = 0, u_x \neq 0; k = +1, -1 \end{cases} \tag{7-4}$$

$$\begin{cases} s_x = \sin\theta_A \sin\theta_C \cdot L + p_x \\ s_y = -\sin\theta_A \cos\theta_C \cdot L + p_y \\ s_z = \cos\theta_A \cdot L - L + p_z \end{cases} \tag{7-5}$$

式中，L 为刀具长度(mm)；θ_A 为机床旋转轴 A 的转动角(°)；θ_C 为机床旋转轴 C 的转动角(°)。

7.3.2　基于 SIMENS NX9.0 的后处理器构建

为实现 7.3.1 节中的后处理坐标转换关系，将 NX9.0 生成的刀轨源文件转换成 G 代码，采用 NX/Post Builder 制作针对该机床的 NX 后处理器，具体步骤如下。

(1) 如图 7-18 所示，启动 NX/Post Builder，单击 "New" 按钮创建新的后处理程序。该后处理程序命名为 "new-post"，后处理输出单位选择 "毫米"，机床类型选择 "铣"，子类型选择 "5 轴带双转头"。设置完成后，单击 "确定" 按钮。需要说明的是，图 7-18 中的数控机床与高架桥式五轴加工中心(图 7-4)的外观不同，但两者的结构和运动形式是一致的，即它们都属于带有双摆头的五轴铣床。

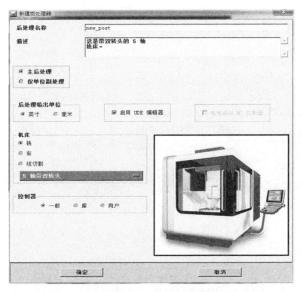

图 7-18　后处理界面

(2) 单击"确定"按钮弹出 NX/Post Builder 编辑界面，如图 7-19 所示，默认打开选项卡"Machine Tool"。在该选项卡中可以设置"General Parameters(一般参数)"、"Fourth Axis(第四轴参数)"和"Fifth Axis(第五轴参数)"。"一般参数"设置主要是设置线性轴的行程限制和回零位置，"第四轴参数"和"第五轴参数"主要设置旋转运动分辨率和实验测得的旋转轴的误差。

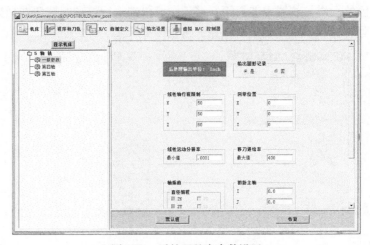

图 7-19　后处理基本参数设置

(3) 设置完基本几何参数后，还需对"程序与刀轨"进行设置。这部分是后处理的核心部分，在"程序起始序列"和"操作起始序列"中设置程序头；在"刀轨"选项中设置加工过程中的机床控制(换刀、冷却、刀具补偿等)、运动(快速移动、线性、圆周运动)、现成循环和杂项;在"操作结束序列"和"程序结束序列"中设置程序尾,如图 7-20 所示。

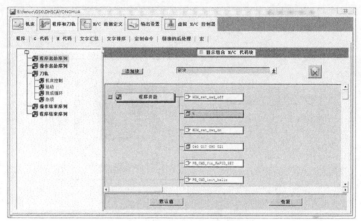

图 7-20　程序和刀轨参数设置

(4) 上述设置完成后,还需对 NC 数据定义、输出设置和虚拟 NC 控制器等进行编制,最后保存并生成后处理器。

7.3.3　刀位数据转换 G 代码

在 NX9.0 中生成的刀位数据需要经过后处理才能输入机床数控系统,在 NX9.0 左侧的操作导航器中选择第一道工序,单击"后处理"按钮选择如图 7-21 所示的后处理器,单击"确定"按钮即可。

(a) 后处理设置界面

(b) 后处理输出 NC 程序

图 7-21　后处理设置

7.4　基于 VERICUT 软件的数控加工仿真

7.4.1　基于 VERICUT 软件的数控加工仿真流程

基于 VERICUT 软件的高架桥式五轴加工中心数控加工仿真流程如下(图 7-22)。

(1) 在 VERICUT 仿真环境中新建仿真项目。

(2) 建立高架桥式加工中心拓扑关系，构建虚拟机床。

(3) 建立模具加工所需刀具库，根据表 7-3 中刀具牌号查找刀具样本，创建刀具。

(4) 调用控制系统，设置控制系统的各种参数。

(5) 调入汽车保险杠凹模的三维模型及毛坯三维模型，构建基于 VERICUT 软件的虚拟加工仿真环境(图 7-23)。

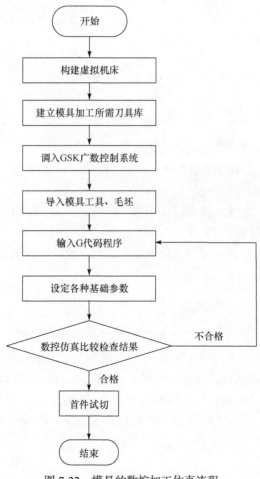

图 7-22　模具的数控加工仿真流程

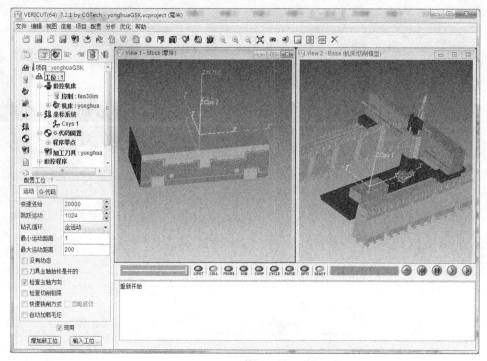

图 7-23　基于 VERICUT 软件的虚拟加工仿真环境

(6) 调入经后处理产生的数控加工程序文件。

(7) 在 VERICUT 软件中进行参数设置，设定数控程序加工基准、机床加工初始位置、换刀位置和行程极限等。

(8) 设置完成后，重新检查操作步骤，单击"开始"按钮进行数控加工仿真，监控模具数控加工过程。

(9) 比较并检查模具数控加工仿真结果，检查模具零件的过切、欠切和碰撞，并对错误进行修改。

7.4.2　虚拟机床和刀具库的建立

将高架桥式五轴加工中心各个部件的三维模型逐个保存为 STL 格式，再将其导入 VERICUT 项目树的各个部件中。按照高架桥式五轴加工中心的结构和运动关系，建立机床运动部件之间的拓扑关系(图 7-24)。按照机床运动部件之间的拓扑关系和运动依附关系将各部件模型添加到项目树中，完成基于 VERICUT 软件的虚拟机床的构建(图 7-25)。本虚拟机床同样具有 X、Y、Z、A、C 五个运动轴，可以实现五轴联动控制。

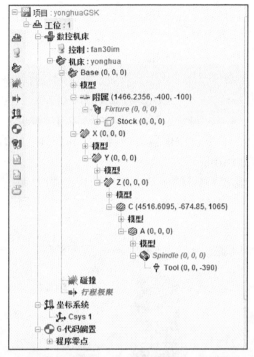

图 7-24　高架桥式五轴加工中心的拓扑关系

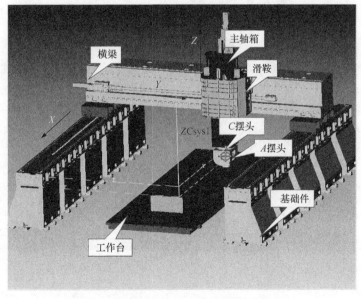

图 7-25　VERICUT 中的虚拟机床模型

　　根据模具加工工艺的需要在 VERICUT 刀具管理器中创建刀具。创建刀具包括创建刀具、创建刀柄和设置装夹点三个步骤。例如，粗加工所需面铣刀 1 的创建过程如图 7-26(a)、(b)所示，具体描述如下。

　　(1) 创建刀具。单击"刀具管理器"按钮，在"刀具管理器"中选择铣削刀具，类型选择为"旋转型刀具"，刀具类型点选平底铣刀，并按照样本设置参数，命名"1"。

　　(2) 创建刀柄。在创建刀具完成后，继续在"刀具管理器"中创建刀柄。其目的是更好地在 VERICUT 软件中检验刀柄与工件和夹具之间的干涉碰撞。刀柄的创建方法如图 7-26(c)、(d)所示。

　　(3) 刀具装夹点设置。刀具的驱动点使用默认设置(刀尖)，其坐标值为$(0, 0, 0)$，刀具的装夹点根据刀柄样本中的参考值设置(刀柄上端面回转中心)，其坐标值为$(0, 0, 395)$。

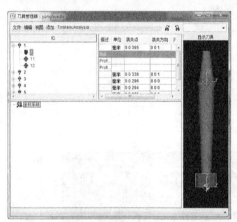

(a) 刀具管理器界面

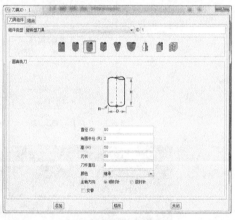

(b) 刀具几何参数设置

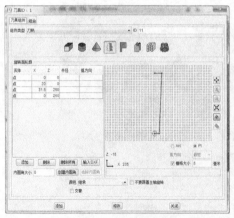

(c) 刀柄接柄几何参数设置

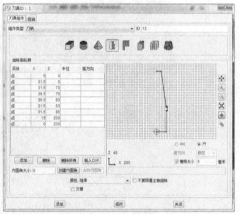

(d) 刀柄几何参数设置

图 7-26　创建刀具

7.4.3　模具型腔的数控铣削加工仿真

　　构建完成机床仿真环境和刀具库后，导入模具的毛坯和工件模型，输入 G 代码程序之后，还需设定工件坐标系和 G 代码偏置等基础参数，然后进行数控加工仿真。根据加工仿真结果修正编程，加工刀具模型如图 7-27 所示，加工仿真结果如图 7-28 所示。

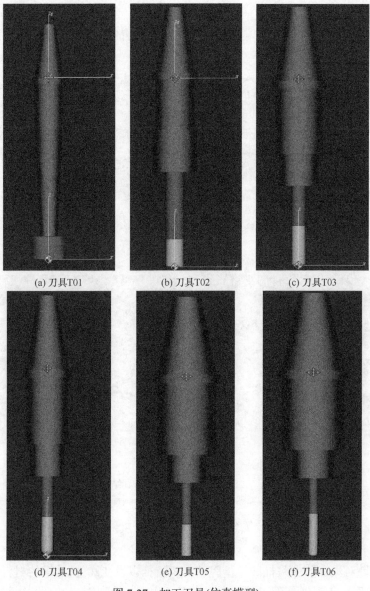

(a) 刀具T01　　　　　　(b) 刀具T02　　　　　　(c) 刀具T03

(d) 刀具T04　　　　　　(e) 刀具T05　　　　　　(f) 刀具T06

图 7-27　加工刀具(仿真模型)

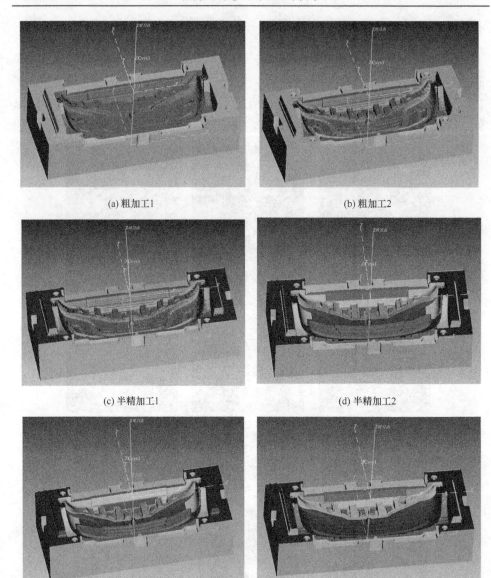

(a) 粗加工1　　　　　　　　　　　　　(b) 粗加工2

(c) 半精加工1　　　　　　　　　　　　(d) 半精加工2

(e) 精加工1　　　　　　　　　　　　　(f) 精加工2

图 7-28　VERICUT 加工仿真结果

7.5　本 章 小 结

(1) 针对汽车前保险杠凹模型腔的加工特征以及 P20 模具钢的材料性能，完成模具加工工艺规划，确定模具型腔加工所用刀具及所对应面切削用量。

(2) 选用 NX9.0 的"加工"模块对模具型腔特征分粗铣、半精铣和精铣加工三步进行了数控加工编程，生成刀具轨迹，最终形成刀轨源文件。

(3) 利用 NX9.0 开发了重心驱动桥式五轴镗铣加工中心后处理器，将 NX9.0"加工"模块中生成的复杂型腔数控加工刀位数据转换为机床数控系统可识别的 G 代码程序。

(4) 结合高架桥式五轴加工中心的结构和功能，建立了基于 VERICUT 软件的数控加工仿真环境。通过数控加工仿真，对潜在的干涉、超行程和碰撞进行检查，并对错误进行改正，保证了复杂型腔数控加工程序的有效性和正确性。

参 考 文 献

[1] Srivastava A, Joshi V, Shivpuri R. Computer modeling and prediction of thermal fatigue cracking in die-casting tooling. Wear, 2004, 256(1-2): 38-43.

[2] 方健儒, 姜启川, 韩增祥, 等. 热作模具钢在高温热机械应力循环下的疲劳断裂行为. 材料工程, 2002, (10): 11-14.

[3] Nelson S, Schueller J K, Tlusty J. Tool wear in milling hardened die steel. Journal of Manufacturing Science and Engineering—Transactions of the ASME, 1998, 120(4): 669-673.

[4] Iqbal A, He N, Li L, et al. A fuzzy expert system for optimizing parameters and predicting performance measures in hard-milling process. Expert Systems with Applications, 2007, 32(4): 1020-1027.

[5] Aslan E. Experimental investigation of cutting tool performance in high speed cutting of hardened X210Cr12 cold-work tool steel (62 HRC). Materials and Design, 2005, 26(1): 21-27.

[6] Koshy P, Dewes R C, Aspinwall D K. High speed end milling of hardened AISI D2 tool steel (~58 HRC). Journal of Materials Processing Technology, 2002, 127(2): 266-273.

[7] Axinte D A, Dewes R C. Surface integrity of hot work tool steel after high speed milling-experimental data and empirical models. Journal of Materials Processing Technology, 2002, 127(3): 325-335.

[8] Toh C K. Surface topography analysis in high speed finish milling inclined hardened steel. Precision Engineering, 2004, 28(4): 386-398.

[9] Jaharah A G, Choudhury I A, Masjuki H H, et al. Surface integrity of AISI H13 tool steel in end milling process. International Journal of Mechanical and Materials Engineering, 2009, 4(1): 88-92.

[10] Zhang S, Guo Y B. Taguchi method based process space for optimal surface topography by finish hard milling. Journal of Manufacturing Science and Engineering-Transactions of The ASME, 2009, 131(5): 051003.

[11] Diniz A E, Ferreira J R, Silveira J F. Toroidal milling of hardened SAE H13 steel. Journal of the Brazilian Society of Mechanical Sciences and Engineering, 2004, 26(1): 17-21.

[12] Dewes R C, Ng E, Chua K S, et al. Temperature measurement when high speed machining hardened mould/die steel. Journal of Materials Processing Technology, 1999, 92-93(9): 293-301.

[13] Ghanem F, Sidhom H, Braham C, et al. Effect of near-surface residual stress and microstructure modification from machining on the fatigue endurance of a tool steel. Journal of Materials Engineering and Performance, 2002, 11(6): 631-639.

[14] 丁同超. H13 钢硬态铣削表面完整性研究. 济南: 山东大学, 2011.

[15] 刘献礼, 文东辉, 侯世香, 等. 硬态干式切削机理及技术研究综述. 中国机械工程, 2002, 13(11): 973-976.

[16] 文东辉, 刘献礼, 肖露, 等. 硬态切削机理研究的现状与发展. 工具技术, 2002, 36(6): 3-6.

[17] Rech J, Moisan A. Surface integrity in finish hard turning of case-hardened steels. International Journal of Machine Tools and Manufacture, 2003, 43(5): 543-550.

[18] 肖露, 文东辉. 硬态切削已加工表面完整性分析. 三峡大学学报(自然科学版), 2009, 31(5): 57-59.

[19] 尹晓霞, 吴伏家, 闫利青. 高速铣削淬硬钢的研究进展. 现代制造工程, 2009, 7: 144-148.

[20] Farias A, Delijaicov S, Batalha G F. Surface integrity functional analysis in hard turning AISI 8620 case hardened steel through 3D topographical measurement. Archives of Materials Science and Engineering, 2010, 46: 47-52.

[21] 陈光军. 高速硬态切削加工及其稳定性研究. 北京: 机械工业出版社, 2014.

[22] Tönshoff H K, Arendt C, Amor R B. Cutting of hardened steel. CIRP Annals—Manufacturing Technology, 2000, 49(2): 547-566.

[23] 陈振. ZrTiN 涂层刀具的制备及切削性能研究. 济南: 山东大学, 2011.

[24] 邓建新, 赵军. 数控刀具材料选用手册. 北京: 机械工业出版社, 2004.

[25] Komanduri R, Schroeder T A. On shear instability in machining a Nickel-Iron base superalloy. Journal of Engineering for Industry, 1986, 108(2): 93-100.

[26] Davies M A, Chou Y K, Evans C J. On chip morphology, tool wear and cutting mechanics in finish hard turning. CIRP Annals—Manufacturing Technology, 1996, 45(1): 77-82.

[27] Shaw M C, Vyas A. Chip formation in the machining of hardened steel. CIRP Annals—Manufacturing Technology, 1993, 42(1): 29-33.

[28] Becze C E, Elbestawi M A. A chip formation based analytic force model for oblique cutting. International Journal of Machine Tools and Manufacture, 2002, 42(4): 529-538.

[29] König W, Berktold A, Koch K F. Turning versus grinding—A comparison of surface integrity aspects and attainable accuracies. CIRP Annals—Manufacturing Technology, 1993, 42(1): 39-43.

[30] 庞俊忠, 王敏杰, 李国和, 等. 高速切削淬硬钢的研究进展. 中国机械工程, 2006, (17): 421-425.

[31] 朱学超. 淬硬钢 SKD11 硬态干式切削温度试验研究. 煤矿机械, 2008, 29(11): 32-34.

[32] 李园园. 高速切削淬硬钢切屑形成过程及温度场有限元模拟研究. 大连: 大连理工大学, 2009.

[33] Veldhuis S C, Dosbaeva G K, Yamamoto K. Tribological compatibility and improvement of machining productivity and surface integrity. Tribology International, 2009, 42(6): 1004-1010.

[34] 曾泉人, 刘更, 刘岚. 机械加工零件表面完整性表征模型研究. 中国机械工程, 2010, 21(24): 2995-2999, 3008.

[35] Field M, Kahles J F. Review of surface integrity of machined components. CIRP Annals—Manufacturing Technology, 1971, (20): 153-163.

[36] Jahanmir S, Suh N P. Surface topography and integrity effects on sliding wear. Wear, 1977, 44(1): 87-99.

[37] Liu C R, Barash M M. Variables governing patterns of mechanical residual stress in a machined surface. Journal of Manufacturing Science and Engineering—Transactions of the ASME, 1982, 104(3): 257-264.

[38] Quinsat Y, Sabourin L, Lartigue C. Surface topography in ball end milling process: Description of a 3D surface roughness parameter. Journal of Materials Processing Technology, 2008, 195(1-3): 135-143.

[39] Lavernhe S, Quinsat Y, Lartigue C. Model for the prediction of 3D surface topography in 5-axis milling. International Journal of Advanced Manufacturing Technology, 2010, 51(9-12): 915-924.

[40] Li B, Cao Y L, Chen W H, et al. Geometry simulation and evaluation of the surface topography in five-axis ball-end milling. International Journal of Advanced Manufacturing Technology, 2017, 93(5-8): 1651-1667.

[41] 梁鑫光, 姚振强. 基于动力学响应的球头刀五轴铣削表面形貌仿真. 机械工程学报, 2013, 49(6): 171-178.

[42] Kim G M, Cho P J, Chu C N. Cutting force prediction of sculptured surface ball-end milling using Z-map. International Journal of Machine Tools and Manufacture, 2000, 40(2): 277-291.

[43] Liu X B, Soshi M, Sahasrabudhe A, et al. A geometrical simulation system of ball end finish milling process and its application for the prediction of surface micro features. Journal of Manufacturing Science and Engineering—Transactions of the ASME, 2006, 128(1): 74-85.

[44] Hao Y S, Liu Y. Analysis of milling surface roughness prediction for thin-walled parts with curved surface. The International Journal of Advanced Manufacturing Technology, 2017, 93(5-8): 2289-2297.

[45] Benardos P G, Vosniakos G C. Predicting surface roughness in machining: A review. International Journal of Machine Tools and Manufacture, 2003, 43(8): 833-844.

[46] Alauddin M, E I Baradie M A, Hashmi M S J, et al. Computer-aided analysis of a surface-roughness model for end milling. Journal of Materials Processing Technology, 1995, 55(2): 123-127.

[47] Zhou J M, Bushlya V, Stahl J E. An investigation of surface damage in the high speed turning of Inconel 718 with use of whisker reinforced ceramic tools. Journal of Materials Processing Technology, 2012, 212(2): 372-384.

[48] Zou B, Chen M, Huang C Z, et al. Study on surface damages caused by turning NiCr20TiAl nickel-based alloy. Journal of Materials Processing Technology, 2009, 209(17): 5802-5809.

[49] Su G S, Liu Z Q, Li L, et al. Influences of chip serration on micro-topography of machined surface in high-speed cutting. International Journal of Machine Tools and Manufacture, 2015, 89: 202-207.

[50] Harrison I S, Kurfess T R, Oles E J, et al. Inspection of white layer in hard turned components using electrochemical methods. Journal of Manufacturing Science and Engineering—Transactions of the ASME, 2007, 129(2): 447-452.

[51] Barbacki A, Kawalec M. Structural alterations in the surface layer during hard machining. Journal of Materials Processing Technology, 1997, 64(1-3): 33-39.

[52] Barbacki A, Kawalec M, Harmol A. Turning and grinding as a source of microstructural changes in the surface layer of hardened steel. Journal of Materials Processing Technology, 2003, 133(1-2): 21-25.

[53] Cho D H, Lee S A, Lee Y Z. Mechanical properties and wear behavior of the white layer. Tribology Letters, 2012, 45(1): 123-129.

[54] Schwach D W, Guo Y B. Feasibility of producing optimal surface integrity by process design in hard turning. Materials Science and Engineering A—Structural Materials Properties Microstructure and Processing, 2005, 395(1-2): 116-123.

[55] Ramesh A, Melkote S N, Allard L F, et al. Analysis of white layers formed in hard turning of AISI 52100 steel. Materials Science and Engineering A—Structural Materials Properties Microstructure and Processing, 2005, 390(1): 88-97.

[56] Tai T Y, Lu S J. Improving the fatigue life of electro-discharge-machined SDK11 tool steel via the suppression of surface cracks. International Journal of Fatigue, 2009, 31(3): 433-438.

[57] Han S, Melkote S N, Haluska M S, et al. White layer formation due to phase transformation in orthogonal machining of AISI 1045 annealed steel. Materials Science and Engineering A—Structural Materials Properties Microstructure and Processing, 2008, 488(1): 195-204.

[58] Chou Y K, Evans C J. White layers and thermal modeling of hard turned surfaces. International Journal of Machine Tools and Manufacture, 1999, 39(12): 1863-1881.

[59] Cusanelli G, Hessler-Wyser A, Bobard F, et al. Microstructure at submicron scale of the white layer produced by EDM technique. Journal of Materials Processing Technology, 2004, 149(1-3): 289-295.

[60] 戴素江, 邢彤, 文东辉, 等. 精密硬态切削表面白层组织形态的研究. 中国机械工程, 2006, 17(10): 1007-1009, 1014.

[61] Barry J, Byrne G. TEM study on the surface white layer in two turned hardened steels. Materials Science and Engineering A—Structural Materials Properties Microstructure and Processing, 2002, 325(1-2): 356-364.

[62] El-Wardany T I, Kishawy H A, Elbestawi M A. Surface integrity of die material in high speed hard machining, part 1: Micrographical analysis. Journal of Manufacturing Science and Engineering—Transactions of the ASME, 2000, 122(4): 620-631.

[63] Capello E, Davoli P, Bassanini G, et al. Residual stresses and surface roughness in turning. Journal of Engineering Materials and Technology, 1999, 121(3): 346-351.

[64] Thiele J D, Melkote S N. Effect of cutting edge geometry and work piece hardness on surface generation in the finish hard turning of AISI 52100 steel. Journal of Materials Processing Technology, 1999, 94(2-3): 216-226.

[65] Matsumoto Y, Barash M M, Liu C R. Cutting mechanism during machining of hardened steel. Materials Science and Technology, 1987, 3(4): 299-305.

[66] Kamata Y, Obikawa T. High speed MQL finish-turning of Inconel 718 with different coated tools. Journal of Materials Processing Technology, 2007, 192/193: 281-286.

[67] Sokovid M, Mijanovid K. Ecological aspects of the cutting fluids and its influence on quantifiable parameters of the cutting processes. Journal of Materials Processing Technology, 2001, 109(1-2): 181-189.

[68] Jeong W C. Investigation of liquid nitrogen lubrication effect in cryogenic machining. Columbia: Columbia University, 2002.

[69] Weinert K, Inasaki I, Sutherland J W, et al. Dry machining and minimum quantity lubrication. CIRP Annals-Manufacturing Technology, 2004, 53(2): 511-537.

[70] Tosun N, Huseyinoglu M. Effect of MQL on surface roughness in milling of AA7075-T6. Materials and Manufacturing Processes, 2010, 25(8): 793-798.

[71] Fratila D, Caizar C. Application of Taguchi method to selection of optimal lubrication and cutting

conditions in face milling of AlMg3. Journal of Cleaner Production, 2011, 19(6-7): 640-645.

[72] Zhang S, Li J F, Wang Y W. Tool life and cutting forces in end milling Inconel 718 under dry and minimum quantity cooling lubrication cutting conditions. Journal of Cleaner Production, 2012, 32(3): 81-87.

[73] Li K M, Lin C P. Study on minimum quantity lubrication in micro-grinding. The International Journal of Advanced Manufacturing Technology, 2012, 62(1-4): 99-106.

[74] 李晶尧. 纳米粒子射流微量润滑磨削热建模仿真与实验研究. 青岛: 青岛理工大学, 2012.

[75] Hadad M, Hadi M. An investigation on surface grinding of hardened stainless steel S34700 and aluminum alloy AA6061 using minimum quantity of lubrication (MQL) technique. International Journal of Advanced Manufacturing Technology, 2013, 68(9-12): 2145-2158.

[76] Kamata Y, Obikawa T, Shinozuka J. Analysis of mist flow in MQL cutting. Key Engineering Materials, 2004, 257-258: 339-344.

[77] Iskandar Y, Tendolkar A, Attia M H, et al. Flow visualization and characterization for optimized MQL machining of composites. CIRP Annals-Manufacturing Technology, 2014, 63(1): 77-80.

[78] 李伟兴. CMQL 技术在内冷刀具应用研究. 装备制造技术, 2014, (5): 107-108, 134.

[79] 贺爱东, 叶邦彦, 王子媛. 内冷刀具 CMQL 切削试验. 工具技术, 2015, 49(7): 21-24.

[80] Tai B L, Stephenson D A, Furness R J, et al. Minimum quantity lubrication (MQL) in automotive powertrain machining. Procedia CIRP, 2014, 14: 523-528.

[81] Li S X, Jerard R B. 5-axis machining of sculptured surfaces with a flat-end cutter. Computer Aided Design, 1994, 26(3): 165-178.

[82] Jensen C G, Red W E, Pi J. Tool selection for five-axis curvature matched machining. Computer Aided Design, 2002, 34(3): 251-266.

[83] Lin Z W, Shen H Y, Gan W F, et al. Approximate tool posture collision-free area generation for five-axis CNC finishing process using admissible area interpolation. The International Journal of Advanced Manufacturing Technology, 2012, 62(9-12): 1191-1203.

[84] 赵世田, 赵东标, 付莹莹, 等. 改进的等残余高度加工自由曲面刀具路径生成算法. 南京航空航天大学学报, 2012, 44(2): 240-245.

[85] Lin Z W, Fu J Z, Shen H Y, et al. A generic uniform scallop tool path generation method for five-axis machining of freeform surface. Computer Aided Design, 2014, 56: 120-132.

[86] Tönshoff H K, Bussmann W, Stanske C. Requirements on tools and machines when machining hard materials. Proceedings of the 26th International Machine Tool Design and Research Conference, London, 1986: 349-357.

[87] 艾兴, 等. 高速切削加工技术. 北京: 国防工业出版社, 2003.

[88] 袁平, 柯映林, 董辉跃. 基于次摆线轨迹的铝合金高速铣削有限元仿真. 浙江大学学报(工学版), 2009, 43(3): 570-577.

[89] Komanduri R, Schroeder T, Hazra J, et al. On the catastrophic shear instability in high-speed machining of an AISI 4340 steel. Journal of Engineering for Industry, 1982, 104(2): 121-131.

[90] Nakayama K, Arai M, Kanda T. Machining characteristics of hard materials. CIRP Annals—Manufacturing Technology, 1988, 37(1): 89-92.

[91] Odeshi A G, Bassim M N, Al-Ameeri S. Effect of heat treatment on adiabatic shear bands in a

high-strength low alloy steel. Materials Science and Engineering A-Structural Materials Properties Microstructure and Processing, 2006, 419(1): 69-75.

[92] Molinari A, Musquar C, Sutter G. Adiabatic shear banding in high speed machining of Ti-6Al-4V: Experiments and modeling. International Journal of Plasticity, 2002, 18(4): 443-459.

[93] Recht R F. A dynamic analysis of high-speed machining. Journal of Manufacturing Science and Engineering, 1985, 107(4): 309-315.

[94] Anandan K P, Tulsian A S, Donmez A, et al. A technique for measuring radial error motions of ultra-high-speed miniature spindles used for micromachining. Precision Engineering, 2012, 36(1): 104-120.

[95] Xiong J, Guo Z X, Yang M, et al. Tool life and wear of WC-TiC-Co ultrafine cemented carbide during dry cutting of AISI H13 steel. Ceramics International, 2013, 39(1): 337-346.

[96] Kious M, Ouahabi A, Boudraa M, et al. Detection process approach of tool wear in high speed milling. Measurement, 2010, 43(10): 1439-1446.

[97] Mundo C, Sommerfeld M, Tropea C. Droplet-wall collisions-experimental studies of the deformation and breakup process. International Journal of Multiphase Flow, 1995, 21(2): 151-173.

[98] Aziz S D, Chandra S. Impact, recoil and splashing of molten metal droplets. International Journal of Heat and Mass Transfer, 2000, 43(16): 2841-2857.

[99] Bussmann M, Chandra S, Mostaghimi J. Modeling the splash of a droplet impacting a solid surface. Physics of Fluids, 2000, 12(12): 3121-3132.

[100] Xu L, Zhang W W, Nagel S R. Drop splashing on a dry smooth surface. Physical Review Letters, 2005, 94(18): 1-4.

[101] Rein M. Phenomena of liquid drop impact on solid and liquid surfaces. Fluid Dynamics Research, 1993, 12(2): 61-93.

[102] Allen R F. The role of surface-tension in splashing. Journal of Colloid and Interface Science, 1975, 51(2): 350-351.

[103] Gosman A D, Loannides E. Aspects of computer simulation of liquid-fueled combustors. Journal of Energy, 1983, 7(6): 482-490.

[104] Morsi S A, Alexander A J. Investigation of particle trajectories in two-phase flow systems. Journal of Fluid Mechanics, 1972, 55(2): 193-208.

[105] Rahman M, Kumar A S, Salam M U. Experimental evaluation on the effect of minimal quantities of lubricant in milling. International Journal of Machine Tools and Manufacture, 2002, 42(5): 539-547.

附录 缩略语对照表

缩略语	英文全称	中文对照
CAD	computer aided design	计算机辅助设计
CAM	computer aided manufacturing	计算机辅助制造
CBN	cubic boron nitride	立方碳化硼
CE	counter electrode	辅助电极
CMQL	cryogenic mimimum quantity lubrication	低温微量润滑
CPE	constant phase angle element	常相角元件
CVD	chemical vapor deposition	化学气相沉积
DPM	discrete phase model	离散相模型
EDM	electrical discharge machining	电火花加工
EDS	energy dispersive spectroscopy	能谱仪分析
EIS	electrochemical impedance spectroscopy	电化学阻抗谱
MQL	mimimum quantity lubrication	微量润滑
MRR	material removal rate	材料去除率
PCBN	polycrystalline cubic boron nitride	聚晶立方碳化硼
PVD	physical vapor deposition	物理气相沉积
RE	reference electrode	参比电极
RHE	reversible hydrogen electrode	标准氢电极
SCE	saturated calomel electrode	饱和甘汞电极
SEM	scanning electron microscope	扫描电子显微镜
WE	working electrode	工作电极
XPS	X-ray photoelectron spectroscopy	X 射线光电子能谱仪
XRD	X-ray diffraction	X 射线衍射